# 上海市建筑抗震能力调查评估平台建设

周伯昌　胡　涛　李红玉　吉　寅　编著

地 震 出 版 社

**图书在版编目（CIP）数据**

上海市建筑抗震能力调查评估平台建设/周伯昌等编著.
—北京：地震出版社，2023.8
ISBN 978-7-5028-5577-2
Ⅰ.①上… Ⅱ.①周… Ⅲ.①建筑结构—抗震结构—调查研究—上海 Ⅳ.①TU352.1

中国国家版本馆CIP数据核字（2023）第164054号

**地震版 XM5579/TU（6412）**

**上海市建筑抗震能力调查评估平台建设**

周伯昌 胡 涛 李红玉 吉 寅 编著

责任编辑：俞怡岚

责任校对：凌 樱

---

出版发行：地 震 出 版 社

北京市海淀区民族大学南路9号　　邮编：100081

销售中心：68423031 68467991　　传真：68467991

总 编 办：68462709 68423029

编辑二部（原专业部）：68721991

http://seismologicalpress.com

E-mail：68721991@sina.com

经销：全国各地新华书店

印刷：河北文盛印刷有限公司

---

版（印）次：2023年8月第一版 2023年8月第一次印刷

开本：787×1092 1/16

字数：218千字

印张：8.5

书号：ISBN 978-7-5028-5577-2

定价：70.00元

# 前　言

2008 年 5 月 12 日，四川汶川发生 8.0 级特大地震，最大烈度达Ⅺ度，波及四川、甘肃、陕西、重庆等 10 个省、自治区、直辖市，是新中国成立以来破坏性最强、波及范围最广、救灾难度最大的一次地震。地震受灾区总面积约 50 万平方千米，其中极重灾区、重灾区面积约 13 万平方千米，造成 6.9 万多人遇难，直接经济损失高达 8500 多亿元。调查发现，地震导致 650 多万间房屋倒塌、2300 多万间房屋损坏，是导致严重的经济损失和人员伤亡的主要原因。国内外其他震害经验也表明，建（构）筑物抗震能力的大小是决定城市地震人员伤亡和财产损失多少的关键性因素。因此，城市抗震防灾最有效的途径是提高建（构）筑物的抗震能力。

15 年以来，在党中央领导下，汶川等地有力、有序、有效地开展了灾后恢复重建工作，严格按照抗震设防要求，加强建设工程抗震设防监管，确保新建和重建的建筑物都符合相应的抗震标准。我国防震减灾事业也取得了长足进步，先后修订、制定实施《中华人民共和国防震减灾法》《中华人民共和国突发事件应对法》《中共中央国务院关于推进防灾减灾救灾体制机制改革的意见》等一系列科学有效的法律和行政法规，研究优化了抗震设计方法，发展应用了一大批减隔震新技术、新工艺等，高效应对了后续的青海玉树地震、四川雅安地震、四川九寨沟地震等重大地震灾害，有效减轻了人民生命财产损失，保障了经济社会持续发展。

新时代做好防震减灾工作，要以习近平新时代中国特色社会主义思想为指导，全面贯彻落实习近平总书记在新唐山建设 40 年和浦东开发开放 30 周年庆祝大会上的重要讲话精神以及关于防震减灾的重要论述，深入践行“人民城市人民建，人民城市为人民”“以防为主、防抗救相结合”“两个坚持，三个转变”等重要理念，建设安全韧性城市，增强城市防灾减灾救灾能力，提升城市地震灾害风险防治水平和管理能力。

上海市位于华北地震区的南缘，是受我国中强地震活动波及的地区，上海市及邻近地区历史上曾发生5.0~5.9级地震53次，6.0~6.9级地震21次，7.0级以上地震1次。上海地处长三角冲积平原，软弱覆盖层厚，直下型小震就会造成明显的震感，邻近地区及海域中强地震对上海影响较大，1984年南黄海6.2级地震、1996年长江口以东6.1级地震、2018年台湾花莲6.7级地震、2020年日本九州岛附近海域6.0级地震、2021年江苏盐城市大丰海域5.0级地震、2021年江苏常州市天宁区4.2级地震，都造成上海高层建筑和重要设施显著震感或破坏。

上海作为社会主义现代化国际大都市和超大城市，是国际经济、金融、贸易、航运和科创中心，承载着全球资源配置、科技创新策源、高端产业引领、开放枢纽门户四大功能。党中央、上海市委、市政府高度重视城市公共安全工作，把公共安全作为发展必须坚持的重要底线。《上海市城市总体规划（2015~2040年）纲要》提出要提高城市安全保障能力，指出要加强城市防灾减灾设施建设，提升城市防灾减灾和应急救援能力，强化城市基础保障，提高城市生命线系统运营效率和智能化水平，严守城市安全发展底线，保障城市运行安全，建设一个韧性的、有恢复力的城市。从防震减灾角度来看，就是要摸清地震灾害风险底数，采用多种措施来增强城市防灾减灾能力，因此城市建筑抗震能力调查评估工作就显得尤为重要。

摸清上海城市地震灾害风险底数，做好全市建筑抗震能力调查评估工作，建设相应信息化系统平台，能有效地减轻地震灾害损失，以减轻城市地震风险，提高城市地震灾害风险管理能力。为城市国土空间规划、韧性城市建设、震后震灾快速评估、应急救援准备、大震巨灾应对等提供决策依据，牢牢把握防控重大风险的战略主动权，为上海经济社会发展、人民生命财产提供安全保障。

本次建筑调查评估工作的范围为全上海市，建筑总量超过240万栋，面对上海如此庞大存量建筑，以及快速发展的增量建筑，现代信息技术带来的革命性优势，提高了建筑数据存储、管理和分析的效率，以及数据驱动决策增强了决策智慧。同时，随着现代信息的逐渐数字化，为便于集中管理数据信息，促进协作与信息交流，保障数据的有效性和正确性，数据库的创建成为必要环节。此外，充分利用和分析数据库中的数据，通过数据挖掘、机器学习和统计分析等，揭示数据背后的模式、趋势和关联；利用强大的数据可视化工具，将数据从时间、空间和数量等多个维度以图文形式直观展现数据之间的关系；以及通过对数据的量化和判断，根据设定的指标和标准，嵌入各种计算分析算法、评价技术，对数据进行评估分析，并及时采取措施进行改进。可见，现代信息技术的不断进步，以多手段多方法进行整合、分析、管理数据，集成各种技术、算法，大大提高数据应用的效率，实现便捷、智慧的数字化信息管理，提供快速、高效的辅助决策服务。

上海市建筑抗震能力调查评估平台建设坚持数据、管理、服务和应用相分离的架构思想，充分集成调查、评估数据成果资源，实现信息收集、存储、管理、共享与交互。嵌入、集成抗震能力评估算法、关键技术，实现全市建筑抗震能力模拟测算及实测评估功能，提供专题地图、统计图表等多种展现方式，形象、直观、多维、动态、系统地展示上海市建筑抗震能力情况，更好地支撑上海市建筑抗震能力现状调查、评估和展示工作。

上海市建筑抗震能力数据库包括建筑基础数据信息与建筑抗震能力评估结果数据，利用 Oracle 建设。基于建筑抗震能力数据库建立的上海市建筑抗震能力调查评估平台，利用 GIS 软件开发，平台主要分抗震能力地图和测算评估系统两大部分，主要功能模块包括抗震能力地图、测算系统、统计分析三大部分。平台的建设可为城市建筑抗震设防监管提供数据与技术支撑，为推进城市老旧房屋和农村民居抗震改造加固提供参考，为情景构建、地震应急、震灾风险防治、抗震防灾规划和开展韧性城市建设提供数字化、信息化、智慧化的决策依据，推动防震减灾工作的数字化变革和创新，有效完善上海城市安全监控体系，提高防震减灾信息化水平和智慧服务能力。同时推广相关技术经验，可为全国其它地方开展建筑抗震能力调查评估提供参考。

本书共分为 9 章，第 1 章概述了平台建设背景、意义、目标和主要内容，第 2 章为平台总体架构设计及技术思路，第 3 章对平台建设相关需求进行了分析，第 4 章为平台标准规范体系建设，第 5 章为基础数据调查、处理及成果统计，第 6 章介绍了数据库的建设，第 7 章介绍了建筑抗震能力测算评估系统设计，第 8 章详细介绍了平台的功能设计，第 9 章展示了本次上海市建筑抗震能力调查评估平台建设的主要成果。

在上海市建筑抗震能力调查评估平台建设过程中，得到了上海市地震局领导、同事，和上海杰狮信息技术有限公司、同济大学等合作单位的大力支持，在此一并表示感谢。

本书得到了上海科技计划项目：22dz1200200 高密度建筑群地震灾害风险评估与应对关键技术研究与应用、22dz1201400 城市建筑群抗震韧性智能评估与快速提升技术研究及示范，上海市财政项目：20130302 上海市建筑抗震能力现状调查等项目的资助和支持。

作者

2023 年 6 月于上海

# 目　　录

# 第1章　概　述

## 1.1　建设背景

上海市地处长江口南岸，大地构造位置处于扬子准地台的东部边缘，西北沿郯庐断裂和胶南断裂与华北地台相接；东南以江山—绍兴深断裂为界，与华南褶皱系相邻，是受我国中强地震活动波及的地区，东部和北部海域的中强地震对上海市的破坏或影响最大。上海市及邻近地区地震比较活跃，呈现北部强南部弱、海域强陆域弱的特点。自公元288年上海市有地震破坏的文字记录以来，上海市及邻近地区历史上曾发生5.0~5.9级地震53次，6.0~6.9级地震21次，7.0级地震1次。近30年来，上海市多次受周边地区中强地震和本地有感地震的影响。例如1984年5月21日的南黄海6.2级地震，曾造成3人死亡，90余人受伤；1996年11月9日长江口以东6.1级地震，曾造成多处供水系统损坏，东方明珠塔避雷针折断坠落。上海市作为超大城市具有复杂巨系统特征，人口、各类建筑、经济要素和重要基础设施高度密集，致灾因素呈现叠加，一旦发生自然灾害和事故灾难，可能引发连锁反应、形成灾害链。与此同时，传统风险、转型风险和新的风险复杂交织。一方面，城市老旧基础设施改造和新增扩能建设规模、体量巨大，城市生命体的脆弱性不容忽视；另一方面，传统经济加快转型，创新型经济超常规发展，不确定性和潜在风险增加，安全管控更加艰巨。国家高度重视上海超大城市安全和防震减灾工作，2015年国家发布的第五代中国地震动参数区划图，将上海市的设防烈度定为7度。国家将上海市列为率先实现我国防震减灾十年目标的地区。

上海市高楼林立、建筑结构类型多样、人口稠密、财富集中、生命线工程系统错综复杂，一旦遭到地震袭击，强烈的地面运动不仅使建筑、城市基础设施发生破坏，还会导致严重的次生灾害，甚至造成严重的社会问题，存在小震大灾、中震巨灾的风险。国内外震害经验表明，建筑抗震能力的大小是决定城市遭遇地震后造成人员伤亡和财产损失多少的关键性因素。

建筑的抗震能力指建筑抵御地震破坏的综合能力。当地震波传播到达建筑后，建筑的构件如果抵抗不了地震力作用就会发生破坏，进而引起整体建筑的破坏。建筑在强烈地震作用下，结构支撑强度不够或支撑失效，构件连接不牢或失效等都会使建筑丧失整体性，从而发生局部或整体倒塌。上海市房屋建筑的结构类型很多，承力体系多样，而任何承重构件都有其特定的功能，以承载一定的外力作用。对于未考虑抗震设防或抗震设防不足的老旧建筑，在强地震动作用下，会因构件的承载能力不足而破坏。在旧城改造的现代化进程中，出现按老旧规范设计建造的老旧建筑和按新规范设计建造的新建筑并存的情形，而且两种建筑毗邻的很多，在地震发生时，往往老旧建筑先破坏，新建建筑也会受到影响破坏。因此城市抗震防灾的最有效途径是提高建筑的抗震能力。

开展上海市范围内的各类建筑抗震能力数据调查，收集包括建筑的区划、地址、名称、功能、结构类型、结构高度、建造年代、面积和地震地质资料属性信息数据，形成上海市全市范围内地震承灾体数据库，全面摸清建筑的抗震能力，建设上海市建筑抗震能力调查评估平台，建立共享机制，推广成果应用，助力上海抗震韧性城市建设，可为上海市加快建设具有世界影响力的社会主义现代化国际大都市提供地震安全保障。

目前以数据、图表、文字等方式管理城市防震减灾已远远不能满足社会发展及人们的需要，采用信息化系统管理是科学发展的必然。地理信息系统（Geographic Information System，简称 GIS）是一门综合的技术，它涉及地理学、测绘学、计算机科学与技术等许多学科。GIS 具有两个显著特征：一是它不仅可以像传统的数据库管理系统（DBMS）那样管理数字和文字信息，而且还可以管理空间信息；二是它可以利用各种空间分析方法，对多种不同的信息进行综合分析，寻找空间实体间的相互关系，分析和处理在一定区域内分布的现象和过程，其最大特点在于可以把社会生活中的各种信息与反映空间位置的图形有机结合起来，从而使复杂空间问题的科学求解成为可能。同时，它还可以嵌入各种专业计算、分析、评估算法和模型等。地震灾害的每一环节均与空间位置密切相关，因此可基于 GIS 技术及空间数据库，将上海市建筑基础信息加以管理，结合 GIS 空间分析及网络分析功能及其他专题提供的计算评估算法模型，动态实现上海市建筑抗震能力评估与展示功能。

为此，本项目对上海市范围内的建筑进行抗震能力普查与评估，基于 Oracle 建设上海市建筑抗震能力数据库，并根据调查、评估和分析的结果，基于 GIS 建立上海市建筑抗震能力调查评估平台，形象、直观、多维、动态、系统地展示上海市建筑抗震能力情况。

## 1.2 建设目标

本项目旨在对上海市范围的建筑进行抗震能力普查和评估分析，建立上海市建筑抗震能力数据库和建筑抗震能力调查评估平台，整体了解上海市建筑抗震能力现状，找到抗震薄弱环节，为推进城市老旧房屋和农村民居抗震改造加固提供数据支撑，为地震应急、震灾风险防治、抗震防灾规划和开展韧性城市建设服务。

上海市建筑抗震能力数据库包括建筑基础数据信息与建筑抗震能力评估结果数据。基于建筑抗震能力数据库建立的上海市建筑抗震能力调查评估平台，利用 GIS 软件开发，平台主要分抗震能力地图和测算评估系统两大部分。

抗震能力地图分抗震设防水平专题和抗震能力现状专题：抗震设防水平专题显示每栋建筑的 6 度以下设防、6 度设防、7 度设防抗震设防水平，分类、分色块、分图层展示；抗震能力现状专题显示每栋建筑在地震烈度Ⅵ、Ⅶ、Ⅷ度下的破坏状态，破坏状态分基本完好、轻微破坏、中等破坏、严重破坏、毁坏五种情况，分类、分色块、分图层展示。

测算评估系统分模拟测算评估系统和实测评估系统：模拟测算评估系统，是模拟手动输入地震作用参数，根据地震烈度衰减模型动态生成烈度分布圈，再利用 Web Service 服务将生成的烈度圈与建筑抗震能力评估结果进行叠加分析计算，获得每栋建筑在对应烈度下的建筑破坏状态；实测评估系统与模拟测算评估系统具备相同功能，不同的是它直接对接上海市地震烈度速报网络系统的地震烈度数据，以此作为地震动输入。

项目成果展示了上海市建筑的抗震能力，对推进上海市城市抗震防灾规划、震灾风险防治、房屋设施抗震改造加固、地震应急决策和韧性城市建设具有很强的指导作用。

## 1.3　建设内容

本项目分 3 年对上海市 16 个行政区范围内建筑进行逐栋普查或者抽样详查，逐栋进行抗震能力评估，得到建筑基础属性数据和抗震能力评估数据，将这些数据整理录入基于 Oracle 建设的上海市建筑抗震能力基础数据库，以 GIS 软件为平台开发上海市建筑抗震能力调查评估平台。

具体建设内容包括：

**1. 建筑基础数据收集和调查**

建筑基础数据收集和调查包括内业收集与现场调查作业。

首先进行内业建筑数据收集。通过建筑所在地房产交易系统、既有房屋安全管理系统、城建档案馆或原建造五方（建造、设计、勘察、施工、监理）单位、所属产权单位或物业管理单位、测绘部门、年鉴、网络信息及卫星遥感影像等获得建筑的地质勘探报告、设计图纸、设计计算书、竣工图纸、工程验收文件、建筑现状图等基本信息。整理资料进行内业预检，检查建筑数量是否完整、信息是否正确。

对内业收集中信息不全的建筑进行现场实地调查，补充完善数据。同时，现场调查作业时，调查分析建筑现状与原始资料相符合的程度、施工质量和维护状况；检查底图建筑轮廓线是否与实际情况相符；核对每栋建筑的地址、楼层、结构、面积、用途、使用情况是否与实际相符。

通过对上海市各类建筑单体的建筑功能、结构类型、结构高度、建造年代、地理位置、空间分布、占地面积等基础信息进行调查和整理，为后续评估和数据入库提供资料支撑等。

**2. 地震地质资料收集**

主要通过内业地震地质资料收集，辅以现场调查，收集上海市地貌特征、新生代地层、基岩地质、主要断裂等新构造运动特点、液化土层等数据信息及图件。

**3. 建筑抗震能力评估**

探索和发展适合上海市的建筑抗震能力评估方法：对于上海市量大面广的一般建筑震害能力的评估，采用结构分类评估法求得样本数据震害矩阵，然后结合平均震害指数法由样本数据震害矩阵获得普查样本的震害矩阵；对于 150m 以上且经过严格抗震设计又没有震害经验的超高层大型重要建筑抗震能力的评估，采用美国联邦应急管理署提出的 HAZUS 方法，得出更符合上海市实际和城市建筑特点的震害矩阵和震害指数。

用上述方法，得到每栋建筑的易损性评估结果，对上海市建筑抗震能力进行评估。

**4. 数据库建设**

数据库基于 Oracle 建设，包括基础地理数据、建筑基础属性数据库、地震地质资料、抗震能力评估数据库、多媒体资源库、档案资源库、其他数据等。基础地理数据包括地形成果数据和遥感影像数据；建筑信息数据库涵盖上海市行政区划所有建筑的属性信息，记录建筑的区划、街道、名称、地址、建筑功能、结构类型、结构高度、建造年代、面积等；地震地质资料包括上海市地貌特征、新生代地层、基岩地质、主要断裂等新构造运动特点、液化土层等数据信息及图件；抗震能力评估数据库涵盖每栋建筑的易损性评估结果；多媒体资源库记录建筑相关的影像、照片等资料；档案资源库记录建筑相关的地质勘探报告、设计图纸、设计计算书等资料；其他数据包括系统管理等数据。

将上述数据进行汇总、分析、处理、质检、转换，建立上海市建筑抗震能力基础数据库。

数据库建设提供数据操作工具以及数据更新维护服务等，基础数据库数据更新维护包括地图更新、批量或增量更新、数据补录、实时或同步更新等。

**5. 调查评估平台建设**

以上海市建筑抗震能力基础数据库为基础，以 GIS 软件为平台，建立上海市建筑抗震能力调查评估平台。对城市建筑基础信息及抗震能力评估结果展示、查询、编辑、统计、分析、管理等；绘制上海市建筑抗震设防水平数字信息化地图和抗震能力现状数字信息化地图；对上海市建筑抗震能力进行模拟测算和实测评估，并进行相关统计分析和专题制图等。

上海市建筑抗震能力调查评估平台主要包括上海市建筑抗震能力数据库、上海市建筑抗震能力数字信息化地图、上海市建筑抗震能力模拟测算和实测评估系统、上海市建筑抗震能力统计分析图表，以及位于断层、液化土层等不良地震地质场地条件上的建筑分布及其抗震能力统计展示等。

## 1.4　建设标准依据

平台建设使用的标准规范体系主要划分为总体标准、业务流程标准、数据资源标准、系统安全标准、实施管理标准。在项目实施过程中，严格参照以上标准实施。标准规范体系框架如图 1－1 所示。

项目在实施过程中，依照的主要法规、标准如表 1－1 至表 1－3 所示。

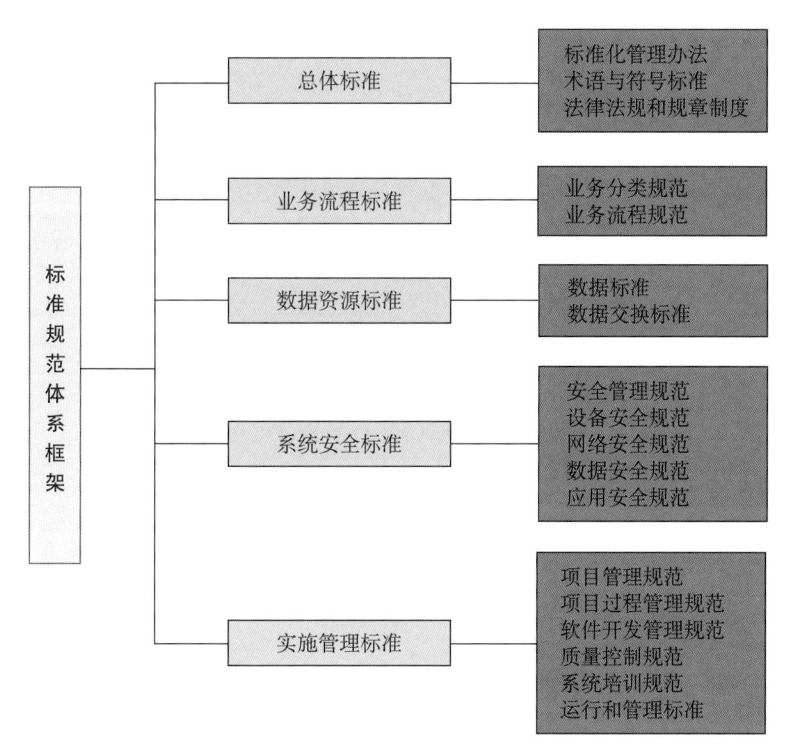


图1-1　标准规范体系框架

**表1-1　法规**

| 法规名称 |
| --- |
| 中华人民共和国防震减灾法 |
| 防震减灾规划（2016~2020年） |
| 上海市实施《中华人民共和国防震减灾法》办法 |
| 上海市建设工程抗震设防管理办法 |
| 上海市超限高层建筑抗震设防管理实施细则 |
| 上海市综合防灾减灾规划（2022~2035年） |
| 上海市防震减灾“十四五”规划 |
| 关于加快推进韧性城市建设的指导意见 |
| 国家防灾减灾人才发展中长期规划（2010~2020年） |
| “十四五”国家综合防灾减灾规划 |
| 上海市区域性地震安全性评价工作管理办法 |

表 1-2 防震减灾行业标准

| 标准编号 | 标准名称 |
| --- | --- |
| GB 18306—2015 | 中国地震动参数区划图 |
| GB 17741—2005 | 工程场地地震安全性评价 |
| GB 50191—2012 | 构筑物抗震设计规范 |
| GB 50021—2001（2009 年版） | 岩土工程勘察规范 |
| GBT 36072—2018 | 活动断层探测 |
| GB 50413—2007 | 城市抗震防灾规划标准 |
| T/CAGHP 025—2018 | 场地地质灾害危险性评估技术要求（试行） |
| JGJ 83—2011 | 软土地区岩土工程勘察规程 |
| GB/T 40112—2021 | 地质灾害危险性评估规范 |
| GB/T 24335—2009 | 建（构）筑物地震破坏等级划分 |
| GB/T 19428—2014 | 地震灾害预测及其信息管理系统技术规范 |
| GB 50011—2010（2016 年版） | 建筑抗震设计规范 |
| GB 50223—2008 | 建筑工程抗震设防分类标准 |
| GB 50023—2009 | 建筑抗震鉴定标准 |
| GB 50007—2011 | 建筑地基基础设计规范 |
| GB/T 50344—2019 | 建筑结构检测技术标准 |
| JGJ 125—2016 | 危险房屋鉴定标准 |
| GB 50352—2019 | 民用建筑设计统一标准 |
| GB 50292—2015 | 民用建筑可靠性鉴定标准 |
| GB 50144—2019 | 工业建筑可靠性鉴定标准 |
| GB/T 50083—2014 | 工程结构设计基本术语标准 |

表 1-3 系统平台开发标准

| 标准编号 | 标准名称 |
| --- | --- |
| GB/T 17798—2007 | 地理空间数据交换格式 |
| GB/T 13923—2022 | 基础地理信息要素分类与代码 |
| GB/T 2260—2007 | 中华人民共和国行政区划代码 |
| GB/T 10114—2003 | 县级以下行政区划代码编制规则 |
| GB/T 19231—2003 | 土地基本术语 |
| TD/T 1014—2007 | 第二次全国土地调查技术规程 |
| TD/T 1016—2003 | 国土资源信息核心元数据标准 |

续表

| 标准编号 | 标准名称 |
|---|---|
| GB/T 13989—2012 | 国家基本比例尺地形图分幅和编号 |
| DZ/T 0197—1997 | 数字化地质图图层及属性文件格式 |
| GB/T 16820—2009 | 地图学术语 |
| GB 3100—1993 | 国际单位制及其应用 |
| CH/T 4015—2001 | 地图符号库建立的基本规定 |
| GB/T 20257. 1—2017 | 国家基本比例尺地图图式　第1部分：1∶500　1∶1000　1∶2000地形图图式 |
| GB/T 20257. 2—2017 | 国家基本比例尺地图图式　第2部分：1∶5000　1∶10000地形图图式 |
| GB/T 20257. 3—2017 | 国家基本比例尺地图图式　第3部分：1∶25000　1∶50000　1∶100000地形图图式 |
| GB/T 20257. 4—2017 | 国家基本比例尺地图图式　第4部分：1∶250000　1∶500000　1∶1000000地形图图式 |

## 1.5　建设意义与应用价值

### 1.5.1　建设意义

上海市作为我国的经济、金融、贸易、航运中心，经济增速在全球主要城市中处于领先地位，总量规模跻身全球城市前列，是社会主义现代化国家建设的重要窗口和城市标杆。随着社会经济不断发展，伴随新型城镇化进程的不断加快，辐射范围越来越大，越来越多的人口向上海市聚集，使得上海市人口不断增加、基础设施负荷加重，对上海市防灾减灾能力建设提出了新的考验。建筑是城市的重要组成部分，地震造成的灾害大多由建筑的破坏引起。

上海市建筑抗震设防时空差异明显，2013年《上海市建筑抗震设计规程》（DGJ 08-9—2013）实施，上海市全市为7度抗震设防，在此之前，有不少老旧建筑、农居没有达到7度抗震设防要求或基本没有抗震设防。为了减少地震灾害损失，制定合理的防震减灾对策，亟需摸清上海市建筑地震灾害风险底数，找到抗震能力薄弱环节，对潜在地震灾害造成的超大城市建筑结构破坏和人员伤亡进行评估，并运用现代计算机信息技术构建数字化、信息化、基于单体的上海市建筑抗震能力普查数据库和评估系统平台。

本项目建设具有以下意义：

**1. 为城市建筑抗震设防监管提供数据支撑**

通过上海市建筑抗震能力普查、分析，查清未达到抗震设防标准的老旧建筑的数量、现状及分布，找到抗震设防薄弱环节，为相关管理部门提供全面、精细的上海市现有建筑的抗震设防数据信息资料，为加快推进地震易发区房屋设施加固工程、完善房屋设施加固工程台账化管理制度、选择不符合抗震设防要求的建筑进行抗震加固等提供数据支撑。

**2. 为城市震害预测和旧城改造提供技术保障**

本项目研究上海市建筑在设定地震下的易损性，并建立城市建筑防震减灾评估管理系统平台，为上海市快速评估区域建筑群抗震能力和地震灾害风险提供技术支撑。摸清上海市现有建筑抗震能力现状，加大对抗震能力严重不足的建筑的拆、改力度，为各级政府旧城改造决策和科学规划建设应急避难场所提供依据，进一步提高上海市房屋建筑抗震防灾能力，助力上海韧性城市建设。

**3. 为城市抗震防灾规划提供决策依据**

本项目成果中的上海市建筑地震易损性分析、抗震防灾现状、抗震防灾能力评价等，可为城市和各级政府抗震防灾决策与规划提供参考依据。

**4. 为地震应急和震后恢复重建服务**

根据上海市老旧房屋、农居等抗震能力薄弱建筑和断层、液化土层等不良地震地质上建筑的数量及区域分布，结合城市人口、经济数量和密度分析，地震发生后，对接上海市地震烈度速报网络系统的地震烈度数据，可以通过本项目平台评估地震灾害损失，为地震应急救援和震后恢复重建提供参考。

### 1.5.2　应用价值

本项目系统平台功能的设置和扩展应用，为震前、震中、震后的震灾风险防治和防震减灾规划、分析、决策提供应用服务，是建立在对业务需求及发展趋势的把握基础上的，确保各项功能应用都能够落地见效。同时，随着上海市建筑、基础设施、生命线系统等基础信息数据的扩充与更新，本项目系统平台服务于上海市地震灾害情景构建、韧性城市建设的应用价值也必将越来越大。

**1. 构建上海市建筑抗震能力数据库**

上海市建筑抗震能力数据库是本项目的主要成果之一，主要包括内、外业收集、调查、处理得到的建筑所属区划、街道、名称、地址、建筑功能、结构类型、结构高度、建造年代、层数、面积数据，地震地质资料和每栋建筑的易损性评估结果，可为建筑抗震设防监管、老旧房屋抗震加固、震害评估预测、震灾风险防治、震害防御和应急辅助决策等工作的开展，提供重要基础数据支撑。

**2. 全面筛查上海市建筑抗震能力**

本次普查是对上海市建筑抗震能力的一次全面、精细化的排摸。通过普查，全面掌握上海市建筑的抗震能力分布情况，摸清震灾风险底数，找出上海市建筑抗震能力薄弱环节，为城市防震减灾规划提供科学依据。

（1）全面掌握建筑抗震能力分布情况：可按建筑建造年代、建筑功能、结构类型、结构高度、抗震设防水平、抗震能力现状等分析统计出相关建筑的抗震能力信息、分布及其占比等信息，也可实现组合查询、分析、统计等。同时，可结合上海市隐伏断层分布、液化土层等不良地震地质分布，分析这些不良地震地质影响范围内的建筑的抗震能力强弱及其分布情况。

（2）实现建筑抗震能力模拟测算和实测评估功能：通过输入设定地震的震中经纬度坐标、震级和倾向角参数等，对建筑抗震能力现状进行在线模拟测算评估，评估结果通过统计图表和地图展示，可以直观地展示每栋建筑在Ⅵ、Ⅶ、Ⅷ度地震烈度下的破坏状态。实测评估系统与模拟测算评估系统具备相同功能，不同的是它直接对接上海市地震烈度速报网络系统的地震烈度数据，即上海市强震台网监测的烈度数据作为地震动输入。

（3）实现市、区集成一体化管理，服务区县防震减灾工作：系统平台提供上海市、区、街镇抗震设防水平和抗震能力现状数字信息化地图，能帮助区县地震工作部门了解掌握当地建筑的抗震能力及薄弱环节，为各区县防震减灾工作和韧性社区建设提供技术支撑。同时平台普查、分析数据应用于结构抗震设计研究，也将为建筑行业带来良好的应用价值。

（4）为上海经济社会发展，提供地震安全保障：通过上海市建筑抗震能力调查、评估，建立上海市建筑抗震能力基础数据库及其展示分析平台，全面了解上海市建筑抗震能力现状，找出抗震薄弱环节及原因，能有效预防和减轻地震灾害，提高政府和社会的应急响应和救援效率，从而减少地震灾害风险、减轻地震灾害损失，安定社会秩序，稳定人心，有效地完善上海市城市安全监控体系，更好地服务上海经济社会发展。

# 第 2 章　总体设计方案

上海市建筑抗震能力调查评估平台总体设计坚持数据、管理、服务和应用相分离的架构思想，充分集成项目调查、评估数据成果资源，实现模拟测算及实测评估功能，提供专题地图、统计图表等多种展现方式，更好地支撑上海市建筑抗震能力现状调查、评估和展示工作，为上海市的地震灾害风险评估、韧性城市建设、地震灾害情景构建提供数据支撑和技术服务。

## 2.1　设计原则

**1. 先进性和实用性**

项目的目标决定了平台尽可能采用先进的概念、方法和高新的技术，主要是平台的质量能力、使用寿命、智能化水平等，但不能将平台建设的过程看作是新技术的试验过程，在保证先进的同时必须考虑所采用的概念、方法、技术的成熟性。

实用性是平台能够投入使用的重要保证，在进行平台应用设计时，紧贴上海市韧性城市建设的实际需要，充分考虑管理需求，做到功能实用，界面友善，操作方便，灵活高效。

**2. 开放性和标准化**

平台采用的技术设备、软件符合公认的工业标准，尽可能接近国际先进水平或国内领先水平，以确保系统集成的可行性、良好的互操作性和可扩充性。

基础空间信息资源丰富，是平台中最为宝贵的信息资源。为了使这一资源得到高效的应用，实现最大范围的信息共享和与其他信息系统可能发生的数据交换，在选择 GIS 软件平台时，充分考虑该平台所支持的图形数据格式的开放性和标准性。首先是数据结构特别是图形数据结构的开放性，要求有开放的数据格式，有标准的外部数据交换格式，同时这种数据格式又是可以扩展的，如 ESRI 公司的 shape 数据格式等。其次是产品二次开发技术的开放性，能够支持通用的开发集成环境，如 Delphi、Visul C++、Visul Basic 等；支持通用的商业关系数据库，如 DB2、Orcale 和 SQL Server 等；支持各种工业接口标准等。

**3. 可扩展性和可维护性**

为使平台易于维护及扩展，根据上海市地震局业务开展和管理的职能来设计功能模块，使功能模块独立于管理机构的设置。系统还应留有方便、规范的 API（应用程序接口），便于用户能将自行定义和开发的应用模块便捷地接入系统。

系统平台的软硬件具有扩展升级的余地，保护以往的投资，能够适应网络及计算机技术的迅猛发展和需求的不断变化，使系统平台中的信息资源具有长期维护使用能力，满足管理和应用的多样性、复杂性，具备良好的扩展和升级能力，并便于系统平台的维护和升级。

**4. 安全性和保密性**

数据安全，是指通过采取必要措施确保数据处于有效保护和合法利用的状态，以及具备保障持续安全状态的能力。本平台的建设应保证建筑基础数据生产、存储、传输、访问、使用、销毁、公开等全过程的安全，并保证数据处理过程的保密性、完整性、可用性。平台的网络配置和软件系统充分考虑了各种数据与资料管理的保密与安全。利用本系统平台的专用安全机制和备份功能，可以确保系统平台的数据安全性。系统平台采用用户密码认证方式进行登录，可以自行设置密码复杂程度，防止未授权人员登录系统平台进行数据破坏。

**5. 可靠性和稳定性**

对信息技术依赖的程度越高，平台失效可能造成的影响越大。在平台设计时，必须在投资可以接受的前提下，从平台结构、技术措施、软硬件平台、技术服务和维护响应能力等方面综合考虑，确保平台的稳定和可靠。对重要数据采用备份措施，保证系统的连续工作。一旦出现故障，也能及时有效地加以控制，不使故障蔓延和信息丢失。

**6. 动态更新性**

可持续更新的建筑基础数据对保障城市安全作用及意义重大，是政府决策和管理不可或缺的基础。建立切实可行的数据更新制度，探索攻关“数据驱动+知识驱动”数据更新技术，保证平台数据的动态更新管理，实现城市建筑抗震能力全程跟踪管理，提高管理的实效与可追踪性。

## 2.2　系统平台架构

上海市建筑抗震能力调查评估平台总体架构如图2-1所示。

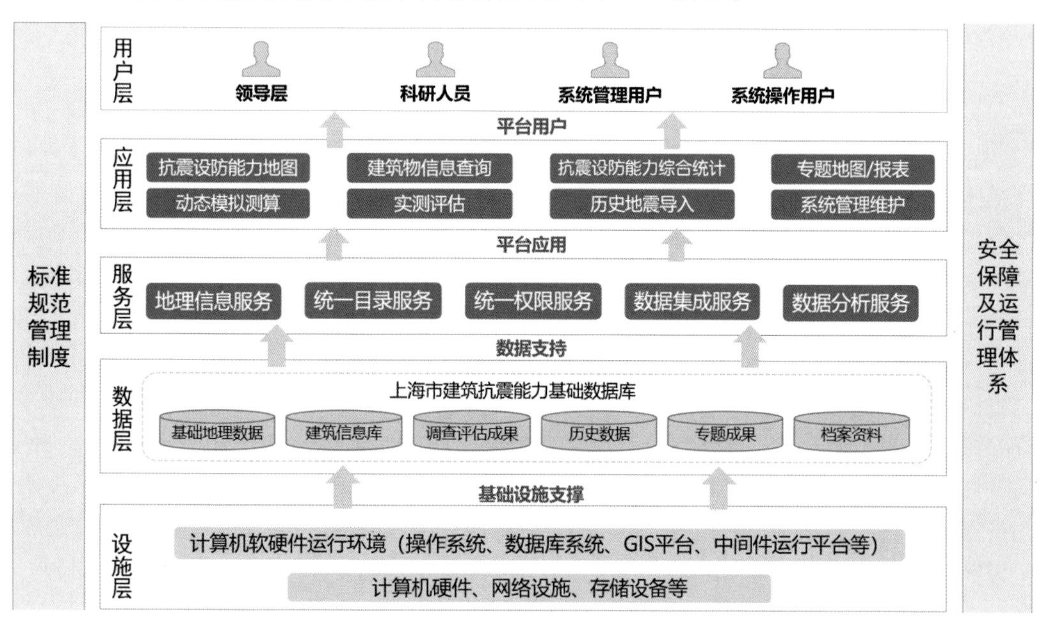


图2-1　总体架构图

总体架构主要由下面五个层面组成：

设施层：包括系统运行环境，计算机硬件设施、网络设施（包括网络连接设备、终端与平台的用户专网、无线）以及操作系统、Oracle 数据库系统、GIS 平台、中间件运行平台、备份系统等，实现对资源的抽象管理与控制。

数据层：构建上海市建筑抗震能力基础数据库，包括基础地理库、建筑信息库、调查评估成果库、历史数据库、专题成果库以及档案资料库等专题信息等，为整个平台的运行提供数据支撑服务。

服务层：提供平台功能和应用所需的各项服务，包括统一地理信息服务、统一用户权限服务、统一目录服务、数据集成服务以及数据分析服务等。

应用层：面向终端用户，为用户提供各种实现具体功能的模块，解决用户的具体需求。

用户层：主要是指平台面向的用户群体等，针对不同用户提供相应的功能权限以及服务类别等。

## 2.3 关键技术

### 2.3.1 海量数据的存储与管理

上海市建筑抗震能力调查评估平台建设所涉及的数据量巨大，主要采用关系数据库和空间数据库相结合的技术，其优点是访问速度快、支持通用的关系数据库管理系统、空间数据按 BLOB 存取、可跨数据库平台、与特定 GIS 平台结合紧密。利用这一技术可以统一管理空间数据和属性数据，确保空间和非空间数据的一体化存储，实现各种海量数据的存储、索引、管理、查询、处理及数据的深层次挖掘；还可对数据物理存储、数据索引、数据压缩、空间数据引擎、数据提取、数据缓存以及显示等进行优化创新，提高数据查询、浏览和调用速度，为前端地图应用功能开发和空间信息发布提供强有力的支持。

### 2.3.2 基于 ArcGIS Server 构筑空间数据服务平台

ArcGIS Server 是 ESRI 发布的提供面向 Web 空间数据服务的一个企业级 GIS 软件平台，提供创建和配置 GIS 应用程序和服务的框架，为面向服务架构的企业级 GIS 共享提供了技术支撑，在实现技术层面提供一个开放的、可灵活定制的、面向服务（SOA）架构的综合应用平台，并且提供了从数据处理，应用功能开发、服务定制到服务发布，系统优化，角色权限管理，安全加密等一整套解决方案。ArcSDE 是多种 DMBS 的通道，能在多种 DBMS 平台上提供高级的、高能力的 GIS 数据管理的接口，可为用户提供大型空间数据库支持。平台建设充分发挥 ArcSDE 的特点，建立空间索引对数据库中空间数据进行组织和管理。通过 ArcGIS Server 的能力调整，建立合理的空间索引和属性索引，能加速表与表之间的连接，在使用分组和排序子句进行数据检索时，可以显著减少查询中分组和排序的时间，加快数据的检索速度，提高数据查询效率。

### 2.3.3　Web Service 技术

Web Service 是一种可以接收从 Internet 或者 Intranet 上的其他系统中传递过来的请求，轻量级的独立的通信技术。Web Service 技术能使得运行在不同机器上的不同应用无须借助附加的、专门的第三方软件或硬件，就可相互交换数据或集成。依据 Web Service 规范实施的应用之间，无论它们所使用的语言、平台或内部协议是什么，都可以相互交换数据。Web Service 是自描述、自包含的可用网络模块，可以执行具体的业务功能。Web Service 也很容易部署，因为它们基于一些常规的产业标准以及已有的一些技术，诸如 XML 和 HTTP。Web Service 减少了应用接口的花费。Web Service 为整个企业甚至多个组织之间的业务流程的集成提供了一个通用机制。

### 2.3.4　空间插值分析

在实际工作中，由于成本的限制、测量工作实施困难大等因素，不能对研究区域的每一位置都进行测量（如降雨、高程、气温、湿度、噪声等级分布等）。这时，可以考虑合理选取采样点，然后通过采样点的测量值，使用适当的数学模型，对区域所有位置进行预测，形成测量值表面。空间插值常用于将离散点的测量数据转换为连续的数据曲面，以便与其他空间现象的分布模式进行比较。

空间插值方法分为两类：一类是确定性方法，另一类是地质统计学方法。确定性插值方法是基于信息点之间的相似程度或者整个曲面的光滑性来创建一个拟合曲面，比如反距离加权平均插值法（IDW）、趋势面法、样条函数法等；地质统计学插值方法是利用样本点的统计规律，使样本点之间的空间自相关性定量化，从而在待预测的点周围构建样本点的空间结构模型，比如克立格（Kriging）插值法。

本项目所采用的是普通克里金插值法。克里金法（Kriging）是依据协方差函数对随机过程/随机场进行空间建模和预测（插值）的回归算法。在特定的随机过程，例如固有平稳过程中，克里金法能够给出最优线性无偏估计，因此在地统计学中也被称为空间最优无偏估计器。

克里金斯插值的优势：在数据网格化的过程中考虑了描述对象的空间相关性质，使插值结果更科学、更接近于实际情况；能给出插值的误差（克里金方差），使插值的可靠程度一目了然。

## 2.4　性能设计

采用利旧、节约成本的原则，平台建设的软硬件设备选用用户现有的设施基础进行搭建部署，可以达到节约的目的。本系统平台运行涉及的软件环境主要包括：操作系统软件、数据库系统、Web 服务中间件、GIS 软件平台等。系统运行稳定，容错性强。系统的各项性能指标包括系统响应速度，平均无故障运行时间间隔等，均按照相关标准进行设计。

**Arcgis 切片地图服务：**

Arcgis 切片地图服务是使地图和图像服务更快运行的一种非常有效的方法。创建地图缓存时，服务器会在若干个不同的比例级别上绘制整个地图并存储地图图像的副本，服务器可在用户请求使用地图时分发这些图像。对于服务器来说，每次请求使用地图时，返回缓存的图像要比绘制地图快得多。因此，面对具有庞大数据量的上海市建筑基础数据，利用 ArcGIS 地图切片服务中的图片不需要服务器实时生成，本身存在服务器的硬盘上，大大提高服务器的能力的优势，可以较为有效的解决上海市建筑地图展示加载缓慢容易崩溃的问题。

## 2.5 界面设计

平台集菜单、控制面板、统计面板、图形显示等可视区域为一体，加强了用户界面的可操作性，图形操作界面清晰，数据显示、打印、浏览均能实现所见即所得的功能，各种输入界面、输出界面与日常使用习惯完全一致，极其贴近用户，用户很容易掌握。此外，用户还可以对这些可视区域进行设置和调整，使其适合自己的需要。

采用多媒体技术，声音、图像、文字并茂，具有高度的图形功能，直观生动。多个视窗并用，同时显示多样信息，并可对同样的信息提出多种不同角度的表达方式。

用户界面是平台与用户实现交互会话的窗口，它集中体现了平台的整体效果。对于平台建设而言，能否将用户界面程序做的友好、美观、易于理解和使用是衡量平台建设质量和使用质量的一个重要指标。

## 2.6 安全设计

**1. 网络安全**

系统平台相关的服务器和网络设备在进行系统安装部署时进行安全配置，禁止不需要的服务和端口。系统平台投入运行后由用户网络管理员对服务器和网络设备的配置进行及时更新和定期检查。

**2. 系统安全**

系统安装部署时对主机系统进行必要的加固，对操作系统用户、中间件系统、数据库系统的用户进行有效管理，禁止缺省口令和弱口令；对系统文件进行有效的保护，防止被篡改和替换。系统平台投入运行后由用户系统管理员对平台定期进行安全更新，检查主机和设备的操作系统是否有供应商提供的更新，消除系统内核漏洞与后门。

**3. 数据安全**

系统中的图形坐标数据采用对坐标进行变换的方式进行加密处理。加密模块提供 API 接口供第三方系统调用，加密模块本身采用软件加密方式防止加密算法被破解。加密模块的 API 支持单条记录的加密和批量数据加密等方式，具有高效、安全等特点。

**4. 应用安全**

系统的用户身份信息可以从企业目录系统中获取，同时为保证系统的独立性和权限管理，实现和组织机构相关的需求，用户和组织机构信息需要在本地冗余存储。平台中的用户口令不以明文方式出现在程序及配置文件中。

系统提供系统运行的各类信息日志记录功能，提供各类系统事件和用户操作的详细记录，这些事件记录包括系统访问日志、功能日志、数据库访问日志等。

## 2.7　兼容性设计

兼容性是保障系统平台在不同环境下能够顺利运行和移植的基础。本系统平台的技术架构在开放性的基础上还具有良好的兼容性特点：

**1. 数据兼容性**

本系统平台通过数据管理服务，能够支持 MAPGIS、DWG、DXF、E00、DGN、MIF、SHP、KML、Excel、TXT 等格式数据的导入导出。

**2. 数据源兼容性**

本系统平台提供丰富的数据接口来满足企业多样的数据源特性。接口方面，系统平台提供如下接口方式：

（1） API 接口。

（2） 报文通信接口。

（3） 数据库接口。

（4） Rest 服务接口。

（5） Web Service 服务接口。

对于数据库接口，系统平台采用多层架构体系提供数据层服务。通过扩展数据层服务提供常用大型数据库的数据接口服务，如：Oracle、DB2、SQL Server、Sybase、MySQL 等等。

**3. 应用环境兼容性**

系统平台采用基于 JQuery 和 Flex 技术搭建的富客户端架构，能够在多种操作系统环境下进行部署，支持在包括 IE（含基于 IE 内核开发的诸多浏览器，如：遨游 Maxthon 等）、Firefox、Chrome、Opera 等浏览器及不同版本下正常运行，为了更好的使用效果，浏览器建议使用 Chrome 或 Internet Explorer 11 及以上版本。

## 2.8　运行环境

### 2.8.1　软件平台

**1. 操作系统**

数据库服务器和 Web 应用服务器操作系统分别采用 CentOS Linux 7 和 Windows Server 2012R2 系统。CentOS Linux 7 和 Windows Server 2012R2 系统具有如下优势：

（1） 系统具有较高的安全性和稳定性，可以使硬件得到充分的发挥，在许多安全等级要求较高的企业采用较多。

（2） 系统与大型数据库衔接良好，且数据库的扩展能力也很高。

（3）系统在防病毒和防黑客方面也有相当高的防御能力。

（4）同时还会最大程度的利用物理内存，避免使用交换空间。

（5）系统内存管理优秀，内存释放机制好。

**2. 数据库系统**

数据是应用系统的核心，能力良好的数据库平台能够保证高效的数据操作，本项目数据库 2018 年度采用 Oracle 11gR2，后升级为 Oracle 12c，可以和空间数据库引擎 ArcSDE 配合并能够发挥 ArcSDE 的特点，支持海量数据的处理。

图 2－2　Oracle 12c 数据库平台

**3. Web 服务中间件**

在应用服务器配置上可以采用的商业服务器，比如 Oracle WebLogic 或者 IBM WeB/Sphere 等。可以获得很多免费的应用服务器缺少的功能，比如负载平衡。本项目采用免费的 Tomcat 中间件，搭建企业级的 Web 应用。

**4. GIS 软件平台**

GIS 软件是本次项目平台建设的基础，本项目中 GIS 平台软件采用主流的 GIS 平台 ArcGIS10. 6。

图 2－3　GIS 平台

## 2. 8. 2　硬件平台

采用两台高能力 DELL 服务器进行系统搭建部署，分别是主机名为 WIN－48TKCQCVROS 的应用服务器和主机名为 LOCALHOST 的数据服务器，操作系统分别为 Microsoft Windows

Server2012 R2 64Bit（64 位）和 CentOS Linux 7（Core）。

### 2.8.3 网络环境

采用政务内网网络环境进行系统平台搭建部署，政务内网同互联网和电子政务外网物理隔离，上海市建筑抗震能力调查评估平台严格按照涉密信息系统的有关要求进行设计与建设。

### 2.8.4 安全环境

鉴于平台的数据含有大比例尺空间数据，属涉密数据，必须严格按照保密规定，在管理制度和技术上不断完善。在安全保密技术方面，从物理安全、网络运行安全、信息安全保密等几个方面采取有效的安全保密技术和措施，做好数据访问、备份、分发和系统监控各个环节的安全保障工作。从数据安全和长远角度来看，除本地数据备份外，还需要采集数据异地备份的策略。

# 第3章　数据需求分析与收集

## 3.1　上海市抗震设防特点

地震造成的大量人员伤亡和经济损失越发引起人们的重视，特别是2008年汶川大地震后，建筑抗震能力和安全问题成为政府和老百姓关注的焦点。2009年5月1日，施行新修订的《中华人民共和国防震减灾法》，其中特别增加了关于农村住宅抗震的相关条款。国务院2007年1月转发中国地震局、中华人民共和国建设部《关于实施农村民居地震安全工程的意见》（国办发〔2007〕1号）要求：到2020年力争使全国农村民居基本具备抵御6.0级左右、相当于各地区地震基本烈度地震的能力。

上海市抗震设防要求的演变大致如下：上海市早期建筑抗震设防标准小于6度，基本为不设防；唐山大地震之后，1977年我国第二代地震烈度区划图颁布实施，上海市地震基本烈度定为Ⅵ度；1992年第三代地震烈度区划图，上海市中心城区的设防烈度从原来的6度提高到7度。2001年国家颁布了第四代地震烈度区划图，上海市除崇明、金山的抗震设防烈度为6度外，其他各区的抗震设防烈度均为7度；2013年《上海市建筑抗震设计规程》（DGJ 08-9—2013）实施，上海市全市为7度抗震设防。由此可见，上海市建筑抗震设防区域差异明显，有不少老旧建筑、农居没有达到7度抗震设防要求或甚至基本没有抗震设防。

20世纪90年代初，上海市先后开展过“上海市震害初步估计”和“上海市震害预测”，仅调查了约372km$^2$范围内的建筑。2001年在上海市抗震办公室的主导下，对上海市部分区县2000年12月31日以前建造的居住建筑抗震能力进行了调查，除居住以外的工农业、商用、公共建筑等都没有涉及，这次调查在地域上也没有在上海市范围内普遍展开。2003年，上海市地震局联合中国地震局工程力学研究所对浦东新区开展了震害预测工作。而近十几年来，上海市的城市面貌发生了巨大的变化，上海市拆除了大量旧房，新建了约几十亿平方米符合抗震设防要求的房屋。亟须在上海市范围内更深入、更全面对各类建筑进行抗震能力调查、评估。

## 3.2　数据收集与需求分析

### 3.2.1　基础数据及图件资料收集

收集普查范围内的基础地理信息数据，坐标系为：GCJ02经纬度坐标系、WGS84坐标系、BeiJing54地方坐标系、CGCS2000国家坐标系。

**1. 行政区划数据**

主要包括市级、区级和乡镇/街道级行政区划数据。上海市共 16 个区，总面积约0. 634×$10^4km^2$，具体行政区划范围详见图 3 - 1。

其中，共涉及 107 个街道、106 个镇、2 个乡、4122 个社区、1605 个村，见图 3 - 2。具体乡镇/街道、社区/村统计数据，见表 3 - 1。

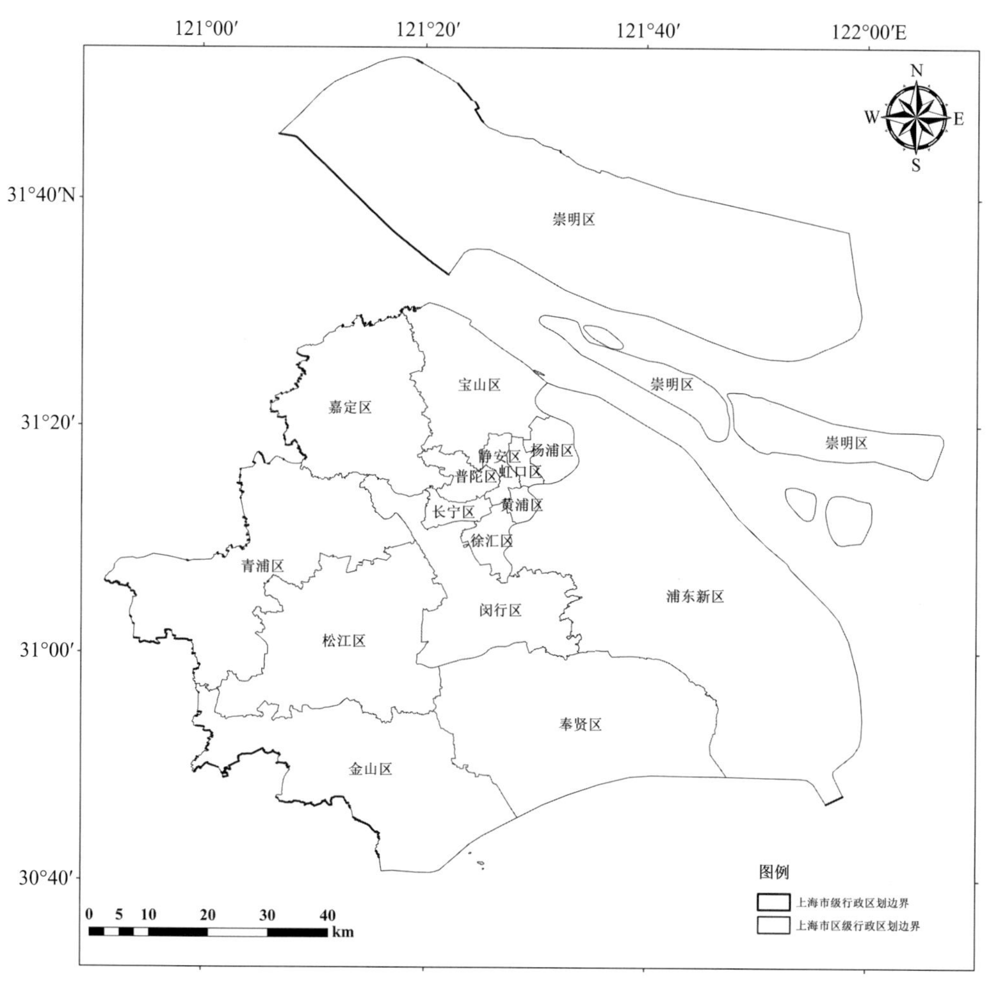


图 3 - 1　上海市区级行政区划图

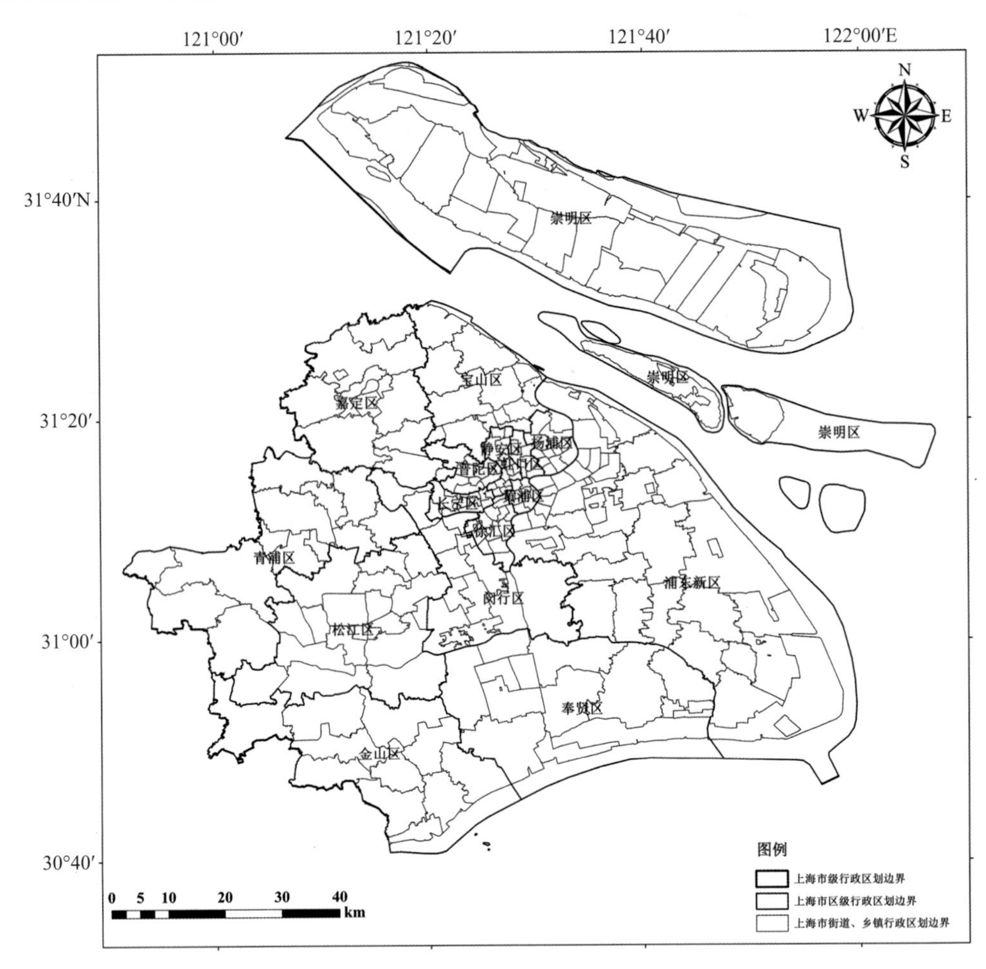


图 3－2　上海市街道/乡镇行政区划图

**表 3－1　上海市乡镇/街道、社区/村统计表（单位：个）**

| 行政区划 | 街道数 | 镇数 | 乡数 | 居委会数 | 村委会数 |
|---|---|---|---|---|---|
| 上海市 | 107 | 106 | 2 | 4849 | 1556 |
| 黄浦区 | 10 | / | / | 169 | / |
| 徐汇区 | 12 | 1 | / | 311 | / |
| 长宁区 | 9 | 1 | / | 185 | / |
| 静安区 | 13 | 1 | / | 266 | 1 |
| 普陀区 | 8 | 2 | / | 272 | 7 |
| 虹口区 | 8 | / | / | 197 | / |
| 杨浦区 | 12 | / | / | 291 | / |
| 闵行区 | 4 | 9 | / | 476 | 114 |
| 宝山区 | 3 | 9 | / | 463 | 103 |

续表

| 行政区划 | 街道数 | 镇数 | 乡数 | 居委会数 | 村委会数 |
|---|---|---|---|---|---|
| 嘉定区 | 3 | 7 | / | 243 | 141 |
| 浦东新区 | 12 | 24 | / | 1141 | 355 |
| 金山区 | 1 | 9 | / | 120 | 124 |
| 松江区 | 6 | 11 | / | 293 | 84 |
| 青浦区 | 3 | 8 | / | 167 | 184 |
| 奉贤区 | 3 | 8 | / | 165 | 175 |
| 崇明区 | / | 16 | 2 | 90 | 268 |

**2. 遥感影像数据**

遥感影像数据作为内业数据收集的基础数据之一，优先搜集时效性高、高分辨率正射影像，见图 3－3。

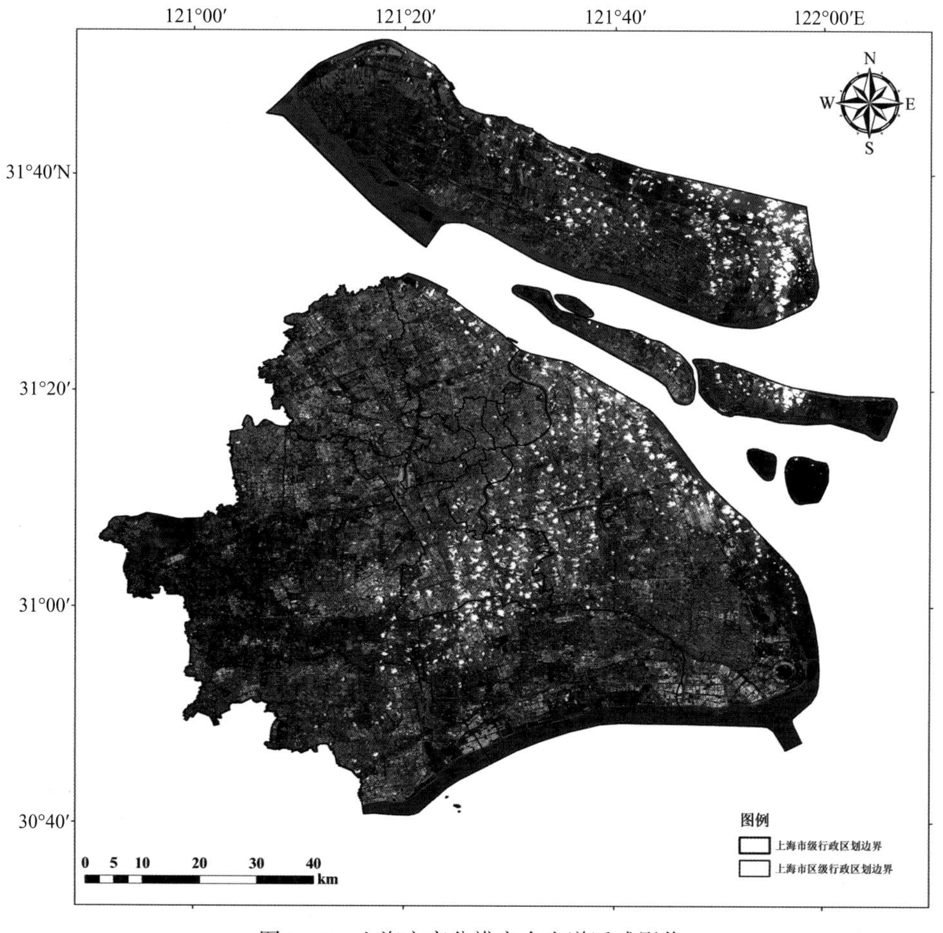


图 3－3　上海市高分辨率多光谱遥感影像

**3. 基础地理数据**

主要包括上海市数字高程、道路、水系、POI 数据、地名点、地表覆盖类型、土地利用现状等，主要用于建筑抗震能力普查的辅助作用（图 3－4）。

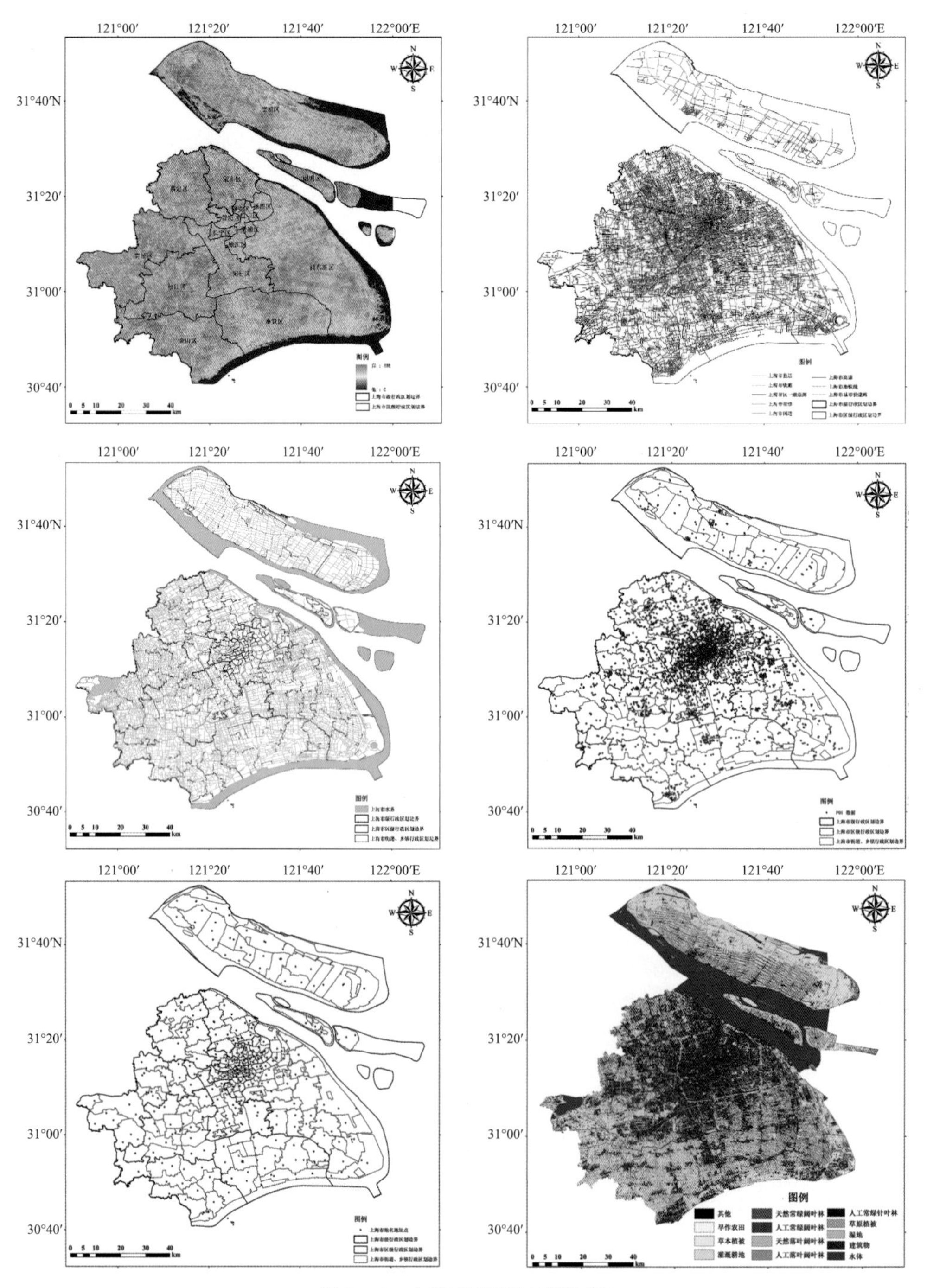


图 3－4　上海市基础地理数据

### 3.2.2　硬软件环境及系统平台建设资料收集

**1. 硬件基础设施**

上海市建筑抗震能力调查评估平台的服务器有两台，一台为应用服务器，一台为数据服务器，对应的主机名为 WIN-48TKCQCVROS 和 LOCALHOST。服务器概要信息如表3-2。

表3-2　上海市建筑抗震能力调查评估平台服务器参数

| 操作系统型号 | Microsoft Windows Server2012 R2 64Bit（64位） | CentOS Linux 7（Core） |
|---|---|---|
| 主机名 | WIN-48TKCQCVROS | LOCALHOST |
| IP 地址 | 10.31.24.73 | 10.31.24.74 |
| 物理内存 | 256G | 256G |
| 物理 CPU 颗数 | 2 | 2 |
| 处理器核心数 | 36 | 36 |
| 处理器最大线程数 | 72 | 72 |

**2. 软件系统平台**

目前上海市地震局现有软件平台包括：ArcGIS 系列软件、Oracle 系列软件、JDK 系列软件、Tomcat 系列软件等。

### 3.2.3　网络资源资料收集

现有的网络环境共有4套：涉密网、电子政务内网、电子政外网和互联网。其中，涉密网是与其他网络物理隔离的独立局域网，具有涉密资质认证；电子政务外网是与互联网逻辑隔离、由市电子政务统一建设的局域网。

**1. 涉密网**

涉密网是运行相关信息服务平台基础版及其相关应用的网络环境，同互联网和电子政务外网物理隔离，严格按照涉密信息系统的有关要求进行设计与建设，并接入上海市地震局的涉密内网。

**2. 政务内网**

政务内网是运行相关信息服务平台政务版及其相关应用的网络环境，同互联网和电子政务外网物理隔离，严格按照涉密信息系统的有关要求进行设计与建设，并接入上海市地震局的涉密内网。

**3. 政务外网**

电子政务网（市电子政务外网）是运行相关信息服务平台公众版及其相关应用的非涉密网络环境，同互联网逻辑隔离，它严格按照上海市电子政务网的有关要求进行建设，并通过市电子政务外网为上海市各级政府部门提供信息应用服务。

**4. 公众网**

公众网（公众互联网）是运行相关信息服务平台公众版及其相关应用的非涉密网络环境，并严格按照涉密信息运维管理的有关要求进行设计，通过互联网络，向上接入国家级主节点，向下与各市县级节点连接，横向主要为社会公众提供震防信息数据应用服务。

## 3.3 需求分析

### 3.3.1 标准规范体系建设需求

建筑抗震能力的大小是决定城市地震人员伤亡和财产损失多少的关键性因素。开展上海市范围内的建筑抗震能力调查工作，建设上海市建筑抗震能力调查评估平台，全面摸清上海市建筑抗震能力家底，可为上海城市安全韧性、智慧城市建设管理以及经济社会发展提供坚实的数据底座和管理系统平台。

为保障上海市建筑抗震能力普查工作的科学、有序进行，需在现行的国家、行业、地方标准的基础上，统筹制定工作方案、实施细则，明确调查工作总体要求、任务分工、时间安排、保障措施，制定符合当前上海市建筑抗震能力普查的技术导则和规范，保证最终形成上海市准确、系统的普查数据成果。

### 3.3.2 数据生产及更新需求

覆盖全上海市的建筑抗震能力数据的普查工作需要各级相关部门相互配合，发挥各自优势，实现数据资源统一标准、统一管理、统一平台、统一应用。

建筑抗震能力数据的生产和更新大体可以分为内业数据收集、生产及外业数据调查两部分。内业主要收集、生产加工建筑普查基础数据和地震地质资料信息；外业主要针对内业收集中信息不全的建筑进行现场实地调查，补充完善数据。同时，核查分析建筑现状与内业收集信息资料相符合的程度、施工质量和维护状况等。同时，考虑到未来数据的扩展、挖掘和应用，数据生产不仅需包含一些行业的专题数据，还需建立更新机制。

### 3.3.3 资源高效利用需求

随着抗震能力数据库建设的日渐完善，积累的数据资源越来越丰富，体量越来越庞大，如何建立高效信息管理系统平台，提高业务管理效率和管理精度，供业务系统快速调用，实现资源发布、协同分享，需要强化顶层设计和资源整体统筹，推进数据库建设。

### 3.3.4 应用需求

震防及应急信息化经过多年建设取得了良好的发展，积累了丰富的震防基础信息资源。但是这些资源目前无法满足区县用户使用的需求，区县用户很难获取到高质量、大比例尺的震防数据资源。

另一方面，信息化技术发展日新月异，硬软件平台快速发展，各种行业、团体技术标准不断更新。随之而来的，就是各种行业应用相应的更新维护工作，持续不断的修改要求，造成了应用水平的良莠不齐，也限制了县区用户对应用发展的积极性，限制了震防信息应用的持续快速发展。

# 第 4 章　平台标准规范体系

平台建设使用的标准规范体系主要分为地理信息分类编码标准体系、地理空间制图标准体系和建筑数据普查规范体系等。

## 4.1　地理信息分类编码标准体系

### 4.1.1　基本概念

基础地理信息：作为统一的空间定位框架和空间分析基础的地理信息数据。

基础地理信息要素：基础地理信息所描述的现实世界的组成成分，通常包括定位基础、水系、居民地、设施、交通、管线、境界与政区、地貌、植被、土质与地名等。

要素类型：具有共同特征的现实世界现象的类型，即具有同类属性和相同几何特征的要素实例的集合。一个确定的要素类型是所有组成该要素类型实例的元类，简称“要素类”。

要素属性：要素的特征。要素的属性包括名称、数据类型及与其相关的值域。某个要素实例的要素属性也具有一个来自其值域的属性值。

地理信息分类编码参考标准如表 4－1 所示。

**表 4－1　地理信息分类编码参考标准**

| 标准编号 | 标准名称 |
| --- | --- |
| GB/T 17798—2007 | 地理空间数据交换格式 |
| GB/T 13923—2022 | 基础地理信息要素分类与代码 |
| GB/T 2260—2007 | 中华人民共和国行政区划代码 |
| GB/T 10114—2003 | 县级以下行政区划代码编制规则 |
| GB/T 19231—2003 | 土地基本术语 |
| TD/T 1016—2003 | 国土资源信息核心元数据标准 |

### 4.1.2　分类编码原则

（1）科学性，分类与编码规则应符合现实世界地理信息的基本组织规则，以适合现代计算机和数据库技术应用和管理为目标，同时兼顾各领域传统信息的分类体系，按基础地理信息的要素特征或属性进行科学分类，形成系统的分类体系。

（2）一致性，同一要素在基础地理信息数据库中有一致的分类和唯一的代码，其中地理要素实例的代码应与相关领域的国家标准保持一致。

（3）稳定性，分类体系选择各要素最稳定的特征和属性为分类依据，能在较长时间里不发生重大变更。

（4）完整性，分类体系覆盖已有的多尺度基础地理信息的要素类型，既反映要素相互关系，具有完整性。

（5）可扩展性，分类及代码结构留有适当的扩充余地。

（6）通用性，分类体系及要素内容充分考虑与原有体系的衔接，能方便地用于多源地理信息空间信息整合与共享。

### 4.1.3　分类方案

基础地理信息要素分类采用线分类法，要素类型按从属关系依次分为：大类、中类、小类、子类。大类共划分为 9 类，包括定位基础、水系、居民地及设施、交通、管线、境界与政区、地貌、植被与土质、地名；中类共划分为 48 类。小类和子类按照 1∶500～1∶2000、1∶5000～1∶10000、1∶25000～1∶100000、1∶250000～1∶1000000 四个比例尺段进行类别划分。大类、种类不应重新定义和扩充，小类、子类不应重新定义、可根据需要进行扩充。地名规定至中类，其小类、子类自行设计。

### 4.1.4　编码方案

代码采用 6 位十进制数字码，分别为按顺序排列地大类码、中类码、小类码和子类码，中类码是在大类基础上细分形成地要素类，小类码是在中类基础上细分形成地要素类，子类码是在小类基础上细分形成地要素类。代码结构如表 4－2。

**表 4－2　地理要素代码结构表**

| 第 1 位 | 第 2 位 | 第 3、4 位 | 第 5、6 位 |
|---|---|---|---|
| 大类码 | 中类码 | 小类码 | 子类码 |

水系分为 7 类，主要包含河流、沟渠、湖泊、水库、海洋、其他水系等，对水系及水利设施编码如表 4－3。

**表 4－3　水系分类编码**

| 要素名称 | 代码 |
|---|---|
| 水系 | 200000 |
| 　河流 | 210000 |
| 　沟渠 | 220000 |
| 　湖泊 | 230000 |

续表

| 要素名称 | 代码 |
|---|---|
| 水库 | 240000 |
| 海洋 | 250000 |
| 其他水系 | 260000 |
| 水利及附属设施 | 270000 |

居民地及设施主要分为8类，包括居民地、工矿及其设施、农业及其设施、公共服务及其设施、名胜古迹、宗教设施、科学观测站和其他建筑及设施，其编码如表4-4。

**表4-4　居民地及设施分类编码**

| 要素名称 | 代码 |
|---|---|
| 居民地及设施 | 300000 |
| 居民地 | 310000 |
| 工矿及其设施 | 320000 |
| 农业及其设施 | 330000 |
| 公共服务及其设施 | 340000 |
| 名胜古迹 | 350000 |
| 宗教设施 | 360000 |
| 科学观测站 | 370000 |
| 其他建筑及设施 | 380000 |

交通主要包括9类，铁路、城际公路、城市道路、乡村道路、道路构造物及附属设施、水运设施、航道、空运设施和其他交通设施，其分类编码如表4-5。

**表4-5　交通分类编码**

| 要素名称 | 代码 |
|---|---|
| 交通 | 400000 |
| 铁路 | 410000 |
| 城际公路 | 420000 |
| 国道 | 420100 |
| 省道 | 420200 |
| 县道 | 420300 |

续表

| 要素名称 | 代码 |
| --- | --- |
| 乡道 | 420400 |
| 城市道路 | 430000 |
| 轨道交通 | 430100 |
| 地铁 | 430101 |
| 磁浮铁轨 | 430102 |
| 街道 | 430500 |
| 主干道 | 430501 |
| 次干道 | 430502 |
| 乡村道路 | 440000 |
| 道路构造物及附属设施 | 450000 |
| 水运设施 | 460000 |
| 航道 | 470000 |
| 空运设施 | 480000 |
| 其他交通设施 | 490000 |

境界与政区分为 7 类，包括国外地区、国家行政区、省级行政区、地级行政区、县级行政区、乡级行政区和其他区域，其分类编码如表 4-6。

**表 4-6　境界与政区分类编码**

| 要素名称 | 代码 |
| --- | --- |
| 境界与政区 | 600000 |
| 国外地区 | 610000 |
| 国家行政区 | 620000 |
| 省级行政区 | 630000 |
| 地级行政区 | 640000 |
| 县级行政区 | 650000 |
| 乡级行政区 | 660000 |
| 其他区域 | 670000 |

城市绿地包括 3 类，人工绿地、花圃花坛和带状绿化树，其编码如表 4-7。

**表 4－7 城市绿地分类编码**

| 要素名称 | 代码 |
|---|---|
| 城市绿地 | 820000 |
| 人工绿地 | 820100 |
| 花圃花坛 | 820200 |
| 带状绿化树 | 820300 |

## 4.2 地理空间制图标准

### 4.2.1 基本概念

地图，按照一定的数学法则，使用符号系统、文字注记，以图解的数字的或多媒体等形式表示各种自然和社会经济现象的载体。

地图比例尺，地图上某一线段的长度与地面上相应线段在投影面上的长度之比。表现形式有数字式、文字式和图解式。

地图符号，地图上各种图形、记号和文字的总成。由形状、尺寸、定位点、文字和色彩等因素构成。

地图注记，地图上文字和数字的通称。地图注记由字体、字号、位置、间隔、排列方向及色彩等因素构成。

图元，图面上表示空间信息特征的基本单位，分为点、弧段、多边形三种类型。

图素，空间信息中的各种实体类型，由代表各类实体的若干图元构成。

图层，由一类图素或性质相近的一组图素的空间数据，以及用于描述这些图素特征的属性数据构成一个图层。一幅图由若干个图层组成。

图类，地质图内信息的专业分类。

数据项，属性数据中不可再分的最小的单元。

数据类型，定义数据项所表现的数据属性，如：字符型 C、数值型 N、日期型 D。

属性表，描述实体基本属性的数据集合。

地理空间制图参考标准如表 4－8 所示。

**表 4－8 地理空间制图参考标准**

| 标准编号 | 标准名称 |
|---|---|
| GB/T 13989—2012 | 国家基本比例尺地形图分幅和编号 |
| DZ/T 0197—1997 | 数字化地质图图层及属性文件格式 |
| GB/T 16820—2009 | 地图学术语 |
| GB 3100—1993 | 国际单位制及其应用 |
| CH/T 4015—2001 | 地图符号库建立的基本规定 |
| GB/T 20257. 2—2017 | 国家基本比例尺地图图式 |

## 4.2.2　图幅基本信息图层

数字化地图以图幅为单位进行管理，划分的图层在不同图幅中都是一致的。建立GIS系统，以图层为单元进行管理。图元编号是GIS连结图形与属性的关键字，在两者中必须保持一致。图元编号由顺序码和识别码两段组成，顺序码视图元数目可取1~4位数字填写。为保证多幅图拼接后相同图素的图元编号不重码，应在不同图幅的图元顺序码前分别加识别码。图幅角点属性和基本信息属性分别如表4-9和表4-10所示。

**表4-9　图幅角点属性表**

| 数据项名 | 数据项代码 | 数据类型及长度 | 单位 |
|---|---|---|---|
| 图幅角点编号 | IDTIC | N5 | |
| 角点X坐标 | XTIC | N13.3 | m |
| 角点Y坐标 | YTIC | N12.3 | m |

**表4-10　图幅基本信息属性表**

| 数据项名 | 数据项代码 | 数据类型及长度 | 单位 |
|---|---|---|---|
| 地形图编号 | CHAMAC | C12 | |
| 图名 | CHAMAA | C30 | |
| 比例尺 | CHAMDB | N7 | |
| 坐标系统 | CHAG | C1 | |
| 高程系统 | CHAI | C1 | |
| 左经度 | DDAEBE | C7 | °　′　″ |
| 右经度 | DDAEBF | C7 | °　′　″ |
| 上纬度 | DDAEBG | C6 | °　′　″ |
| 下纬度 | DDAEBH | C6 | °　′　″ |
| 成图方法 | QDAQ | C1 | |
| 调查单位 | QDAE | C30 | |
| 图幅验收单位 | QDYGG | C30 | |
| 资料来源 | PKIGJ | C30 | |
| 数据采集日期 | SDAFAF | C6 | YYYYMM |

交通数据应正确表示道路的类别、名称、等级和位置，反映道路网的结构特征、通行状况、分布密度以及与其他要素的关系。铁路和县乡道以上等级公路一般表示，其他道路可根据道路网的疏密程度进行适当取舍。交通属性如表4-11所示。

**表 4－11　交通属性表**

| 数据项名 | 数据项代码 | 数据类型及长度 | 单位 |
|---|---|---|---|
| 图元编号 | CHFCAC | N7 | |
| 图素类型 | CHFCAA | C5 | |
| 图素名称 | CHFCAD | C16 | |

居民地在总体上反映居民地轮廓、分布特征、连通性以及与其他要素的关系。居民地属性如表 4－12 所示。

**表 4－12　居民地属性表**

| 数据项名 | 数据项代码 | 数据类型及长度 | 单位 |
|---|---|---|---|
| 图元编号 | CHFCAC | N7 | |
| 图素类型 | CHFCAA | C5 | |
| 图素名称 | CHFCAD | C16 | |

## 4.3　建筑数据普查规范

通过内业收集和外业现场调查的方式对上海市建筑各类基础信息进行收集整理，为后续评估和数据入库提供资料支撑等。本次普查所参考的标准体系如表 4－13 所示。

**表 4－13　建筑数据普查参考标准**

| 标准编号 | 标准名称 |
|---|---|
| GB 50011—2010 | 建筑抗震设计规范 |
| GB 50223—2008 | 建筑工程抗震设防分类标准 |
| GB 50023—2009 | 建筑抗震鉴定标准 |
| GB 50007—2011 | 建筑地基基础设计规范 |
| GB/T 50344—2019 | 建筑结构检测技术标准 |
| JGJ 125—2016 | 危险房屋鉴定标准 |
| GB 50352—2019 | 民用建筑设计统一标准 |
| GB 50292—2015 | 民用建筑可靠性鉴定标准 |
| GB 50144—2019 | 工业建筑可靠性鉴定标准 |
| GB/T 50083—2014 | 工程结构设计基本术语标准 |

上海市建筑编码以统一划分的城市基础网格为基础延伸编制，对网格内建筑先进行单元划分再赋予编码。一般一个建筑编码单元为一幢建筑。建筑编码采用六层 20 位进行编码，前 14 位是上海市统一基础网格编码，后 6 位是建筑流水代码（ID 码）。分别是 3 位市级代码、3 位区级代码、3 位街道\ 乡镇代码、3 位社区代码、2 位空间网格代码和 6 位建筑顺序码，如图 4－1 所示。

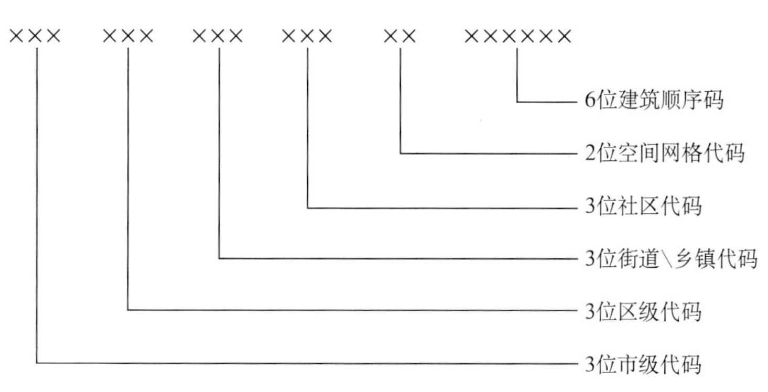


图 4－1　建筑编码结构

# 第5章　基础数据调查与处理

通过内业收集和外业现场调查的方式对上海市地震地质资料和各类建筑基础数据信息进行收集、处理，为后续评估和数据入库提供数据支撑。

## 5.1　地震地质资料收集

上海市地震地质资料主要通过查阅相关行业档案资料和文献等内业收集的方式来获取，主要包括地貌特征、地质特点、新构造运动特点、地震活动特点等数据、图件等。

### 5.1.1　地貌特征

上海市位于长江三角洲东南沿岸，紧靠东海。其成陆较晚，全区地势低平，大部分地区标高在3.5~4.5m（吴淞高程）。按照地貌形态、时代成因、沉积环境和组成物质等方面差异，地貌形态进一步可分为滨海平原、湖沼平原、潮坪、河口砂嘴砂岛。以堆积作用为主，岩性主要有粉砂、砂土、黏土、粉质黏土等。

### 5.1.2　地质特点

上海市地处长江三角洲河口滨海平原，区内新生代盖层广厚，尤其是第四纪地层更为发育，无论在基底凹陷区或相对凸起部位均有颇厚的第四纪堆积，第四纪厚度自南西向北东增厚，一般为200~400m。

上海市至少存在三套方位不同的主干构造线：①基底构造线，呈北东东向展布，其中枫泾—川沙、张堰—南汇等断裂形成早，切割深，活动时期长；②加里东—印支运动时期形成的主干构造线，呈北东东—北东向展布，受基底影响较大，具有明显的继承性；③燕山运动晚期形成的主干构造线，呈北北东向分布，与前两期形成的构造线明显交切。

从新生代以来我国东部地壳一直上隆，地壳因引张变薄，至晚第三纪引张作用继续发展，使地幔隆起，区内的大断裂切至上地幔软流圈，导致碱性橄榄玄武岩的喷发和侵入，沿断裂交会处喷溢于本区东部沿海地区。

晚第三纪晚期以后，在原有基底构造和古地貌的基础上，经过喜马拉雅运动的多次破坏和改造，最终出现剥蚀低山与堆积盆地相间分布的现象，晚第三纪地层主要堆积于安亭—崇明凹陷与金山—川沙凹陷之中，隆起带则遭受风化剥蚀。

第四纪时期本区地壳活动的总趋势是在上下波动过程中不断沉降，总共接受厚达300多米的第四纪沉积物。

### 5.1.3　新构造运动特点

自新生代以来，新近纪本区在原有的基底构造与古地貌基础上，经过喜马拉雅运动的多次破坏和改造，最终形成二隆二坳的构造景观。其间的新近系崇明组，主要堆积于安—崇凹陷和金—川凹陷之中。新近纪时期，本区地壳活动的总趋势是在上下波动中不断沉降，并接受了厚达数百米的第四系河湖相、河口三角洲相及海陆交互相沉积。

上海地区除佘山、天马山零星残丘基岩出露地区外，大部分为 200~360m 左右第四系覆盖层的地区，地壳水平运动的直接证据很难观察到。但盆地是构造活动灵敏的指示剂，地壳轻微变化，水体显示显著。从盆地变迁及沉积厚度变化也能提出地壳活动的形迹。

新近纪以来上海市普遍沉降，但程度差异较大。沉积厚度普遍在 200~320m。

上海新构造的特点：和皖南、浙北大片隆升区相比，上海普遍处于沉降区。但和苏北巨厚相比则强度不大；上海市新近纪沉积与区域相比，沉积强度不大，是以普遍下沉，填平补齐为主。

### 5.1.4　地震活动特点

上海市内断裂构造较为发育，但多数发育于前寒武纪和古生代，经中、新生代构造运动进一步被强化和改造，新近纪以来活动性明显减弱。而北西向断裂形成时代晚，切割浅，规模相对北东向断裂要小，新近纪以来活动性明显。实际资料表明：北西向断裂左旋切割了北东向断裂。根据地质构造和地震空间分布，主要可划分为三个地震带。

（1）苏北—南黄海地震带：是本区域三个地震带中最活跃的地震带。历史地震主要分布在海域，6.0 级以上地震就有 15 次，最强一次就是 1846 年南黄海 7.0 级地震。近代地震活动也十分显著，如 1984 年 5 月 21 日连续发生的 6.1、6.2 级 2 次 6.0 级以上地震，1986 年又发生了 4.8 级地震。

（2）下扬子地震带：历史上曾发生中强地震多次，其中 6.0 级地震 2 次，即 1624 年扬州 6.0 级地震和 1979 年溧阳西 6.0 级地震。强度、频度都明显低于北面的苏北—南黄海地震带。带内近代小震颇为活跃，小震密集带展布方向大体与区内主要活动断裂方向一致。

（3）上海—杭州地震带：以苏南地区为主，包括浙江杭州湾南岸部分地区。历史上以 6.0 级以下地震为主，最大震级为 5.5 级。近代小震活动没有明显的密集成带现象。地震活动比上述两条地震带弱。带内以东经长江口水域部分的地震活动最为活跃，历史上和近代均发生多次中强地震，历史地震如 1752 年 5.0 级地震、1844 年 5.0 级地震、1847 年 5.0 级地震、1855 年 5.0 级地震，现代地震如 1971 年 4.9 级地震和 1996 年 6.1 级地震。上海地区绝大部分处在该地震带。

## 5.2　建筑基础数据调查与处理

建筑基础数据主要的调查工作内容包括：每栋建筑地理信息底图库，每栋建筑名称、地址、建筑功能、结构类型、结构高度、建造年代、面积、改造加固情况等数据；根据结构易损性分析需求，对浦东新区的建筑物按结构类型分类进行了较为详细的抽样。

经过处理通过对建筑编号，以分区分片的方式对每栋建筑赋予序号（ID 码），作为建筑在系统中的唯一编码。

**1. 序号**

序号是确定建筑宏观位置及顺序号的重要参数，建筑空间信息分布在电子地图上，通过对建筑编号，以分区分片的方式对每栋建筑赋予序号（ID 码），序号是建筑在系统中的唯一编码。

**2. 建造年代**

建筑建造时间，一般为建筑设计建造的时间。

**3. 建筑面积**

建筑总面积可在图纸的设计说明中查到。由于系统采用的电子地图已有图形的面积属性，系统的查询和统计采用的电子地图的面积。

**4. 结构类型**

能承受和传递作用并具有适当刚度的由各连接部件组合而成的整体。按评估方法，结构类型分为多层砌体、超高层大型建筑、钢筋混凝土、老旧民房、单层工业厂房、单层空旷房屋等。

**5. 层数**

建筑总层数，层数不包括地下室和突出屋顶的小房间。

**6. 功能用途**

建筑的功能用途分为居住建筑（细分为农居和石库门两小类）、行政办公建筑、商业建筑、中小学、大学院校、医院、养老院、工业建筑、大型场馆等。

**7. 抗震加固情况**

建筑抗震设防情况或抗震加固情况，有无圈梁及构造柱的布置作为是否有抗震能力的一个重要标志。

### 5.2.1 调查范围与工作部署

建筑数据调查包括普查和抽样详查两种方式，本次上海市范围内的建筑抗震能力调查工作分区进行，以街道为调查统计单元，进行逐栋建筑普查或者抽样详查。

根据项目进度安排部署，分 3 年完成上海市范围内共 16 个行政区的建筑信息资料的调查、收集、整理和抗震能力评估工作。2018 年度完成浦东新区，2019 年度完成嘉定、静安、徐汇、虹口、普陀、青浦、松江和长宁，2020 年度完成宝山、崇明、奉贤、黄浦、金山、闵行和杨浦。

数据处理流程如图 5 - 1 所示。

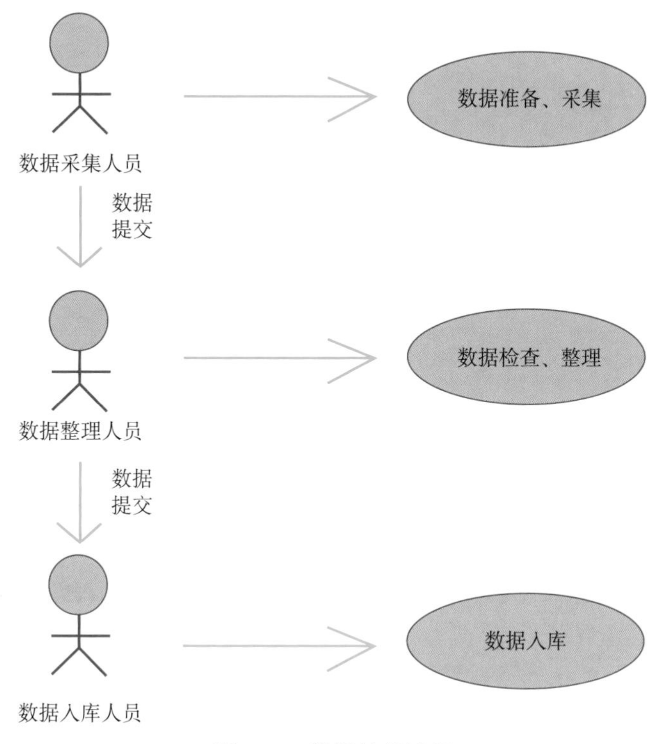


图 5-1　数据处理流程

## 5.2.2　资料收集

收集包括建筑的地质勘探报告、设计图纸、设计计算书、竣工图纸、工程验收文件、建筑现状图、宗地总图等，获取普查所需的每栋建筑地理信息底图库，每栋建筑名称、地址、建筑功能、结构类型、结构高度、建造年代、面积、改造加固情况等数据，和抽样详查要求的不同结构类型的相关建筑结构信息。

通过查询相关档案资料、统计年鉴（图 5-2）、摩天大楼网站、上海号码百事通 POI 地址地名库，结合水经注万能地图下载器、测绘院政务版等电子地图、遥感影像数据、街景、规划审批图、地震专业资料，对 16 个行政区范围内的建筑基础数据信息进行收集获取。

针对属性缺失的建筑，先利用爬虫工具，从房天下、安居客、58 同城等网站中收集获取相关信息，再通过人工检查，结合统计年鉴、地方志（图 5-3）、住宅志等资料和现场查看等方式，对获取的信息进行过滤筛选、收集。对已有的资料和处理完的数据录入数据库，包括图形数据录入和属性数据录入。

图 5－2　上海统计年鉴（2018～2020 年）

图 5－3　上海地方志

## 5.2.3　数据核查和校验

在属性信息核查校验过程中，为兼顾核查的效率与成果的质量，按不同功能选取逐栋校核和抽样校核相结合的方式，对调查区域内所有建筑进行校核。按建筑功能分为居住建筑（细分农居和石库门两小类）、行政办公建筑、商业建筑、中小学、大学院校、医院、养老院、工业建筑、大型场馆等类型。其中学校、医院和超高层建筑等重要建筑采用逐栋校核的方式，其他采取抽样校核方式，即选择某区域中的典型建筑，以点带面，从而提高数据核查效率，抽样数据量不低于该区域的 20%。

首先根据行政区划和街镇信息对建筑数据进行区块划分，分派到各数据处理人员。借助已有的影像资料、地图资料、校安工程等档案资料，摩天大楼网站、测绘院政务版电子地图、百度地图、街景等网络资源，各自对获取的信息进行校验、完善，对发现的错误信息或信息缺失情况，及时进行信息更正以及补录操作。

由于调查区域内的建筑数据的数据量很大，通过人工一一实地核查显然是不现实的，所以本项目随机抽取部分区域范围进行现场外业调查，调查分析建筑现状与原始收集资料相符合的程度；核查底图建筑物轮廓线是否与实际情况相符；核对每栋建筑楼层、结构、面积、用途、使用情况是否与实际相符。如有不符合的，修正、更新前期已收集数据中的对应建筑物属性。

对于空间数据的核查，基于空间数据元数据描述，采用元数据中的检查规则和空间数据引擎对空间要素和非空间要素所存在的错误和误差进行检查，主要包括数据完整性、属性精度、空间精度、逻辑一致性四个方面的内容。利用 ArcGIS 软件平台，对空间数据的编码、分层、拓扑、图属不一致、逻辑错误以及人为错误等问题进行检查及修改，以此提高空间数据质量，保证单幢建筑空间分布的准确性。

由于建筑数据信息体量非常庞大，加之项目实施周期和经费有限，导致调查获取的数据不能确保完全准确，但项目组在现有人力、物力、财力和时间的基础，加强组织管理和保障，尽可能使调查数据与实际相符。

### 5.2.4　数据分类整理入库

根据建筑主要结构类型特征描述和分类规则编写数据分析 Python 脚本，对获取的建筑数据进行自动化判别，随后对程序执行结果进行人工复核，并按照建筑功能、结构类型、结构高度、建造年代等相关属性对建筑数据进行分类整理，分层存储。数据分类整理流程如图 5－4 所示。将整理好的数据录入数据库，包括图形数据录入和属性数据录入。

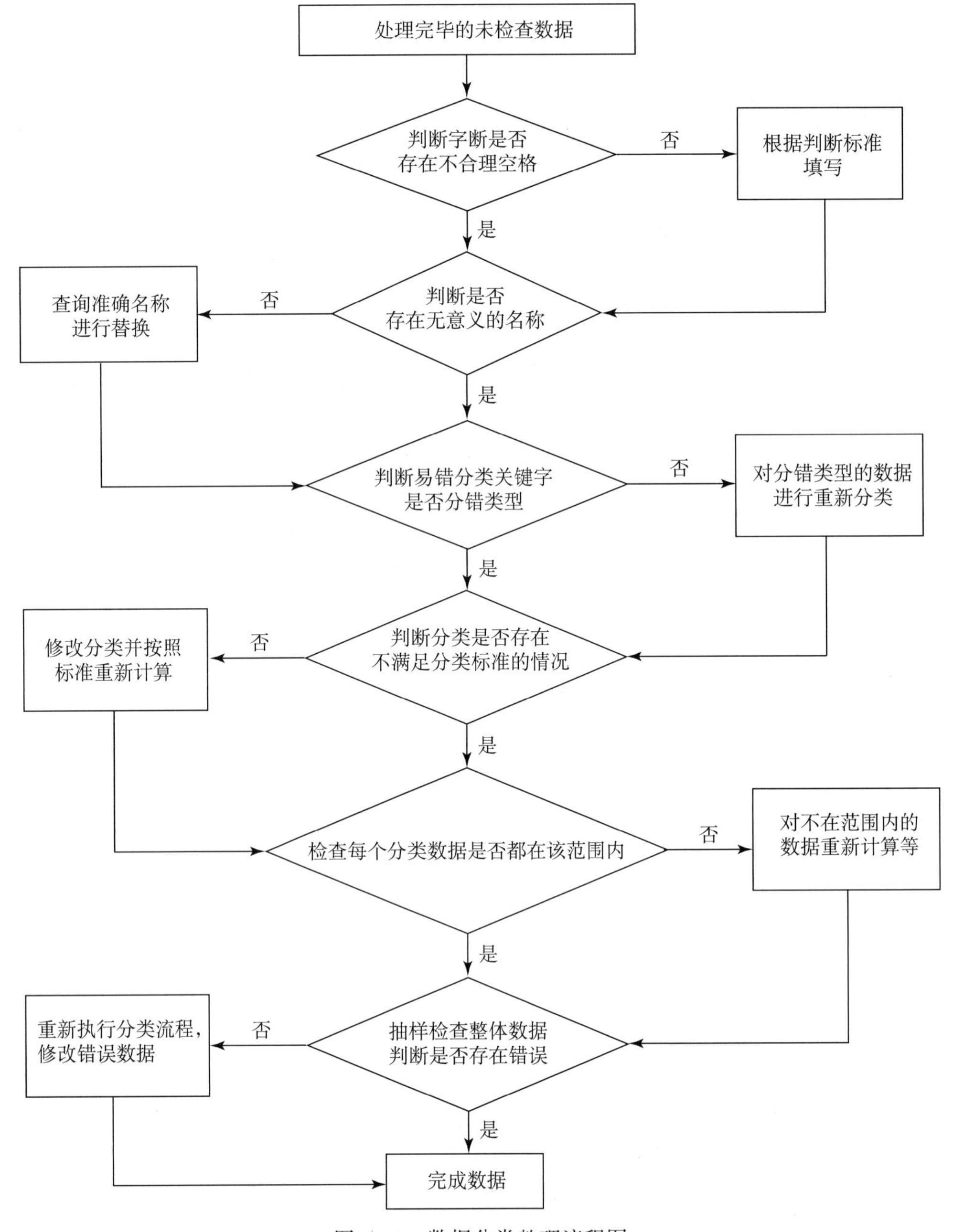


图 5－4　数据分类整理流程图

## 5.2.5　数据规范检查

由于内业工作量较大，在数据处理、录入过程中工作人员难免会产生一些遗漏和差错，为了避免这些问题，在完成上述工作后要对录入的数据进行检查。核查内容包括建筑物面积核查、图形属性一致性检验、建筑物属性信息核查是否正确等。

## 5.2.6　调查数据成果统计

本次上海市范围内的建筑抗震能力调查工作分区进行，以街道为调查统计单元，进行逐栋建筑普查或者抽样详查。逐栋普查的基础信息数据属性按照建筑建造年代（含改造加固年代）、结构类型、建筑层数、建筑高度、建筑功能、建筑面积等进行分类、整理、统计。

图5－5为此次调查得到的上海市各行政区建筑栋数占比情况，可以看出，浦东新区的建筑数量最多，按栋数占上海市建筑总量的27.08%，大大高于其他区。

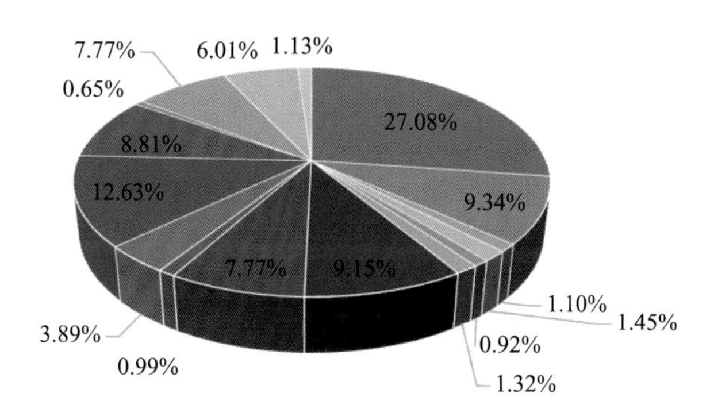


图5－5　上海市各行政区建筑栋数占比

依据建筑抗震能力评估和展示分析图层的需要，本项目将上海市建筑基础信息普查数据属性按照建筑建造年代、建筑高度、建筑功能、结构类型进行分类、整理、统计。按栋数，上海市建筑按建造年代、建筑高度、建筑功能、结构类型分类统计的占比情况分别于如图5-6至图5－9所示。

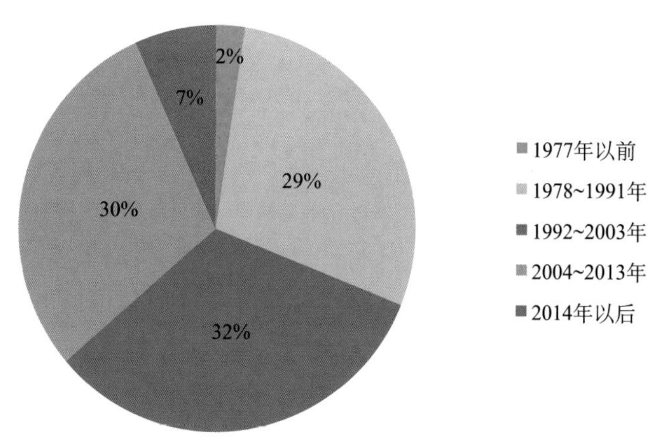


图5－6　上海市不同建造年代建筑栋数占比

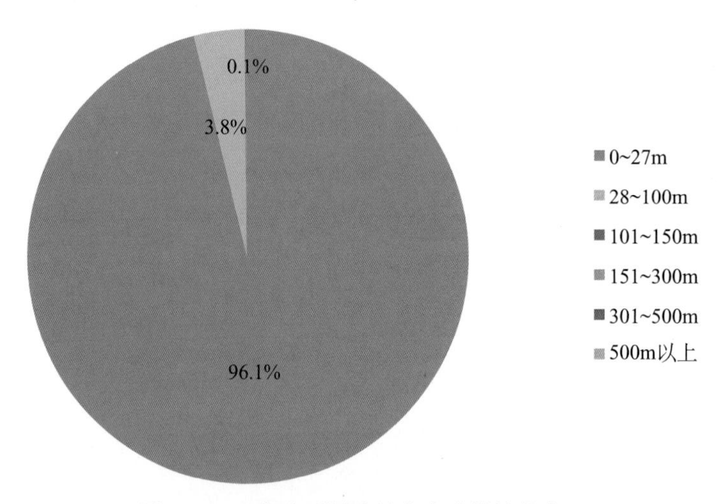


图 5－7　上海市不同建筑高度建筑栋数占比

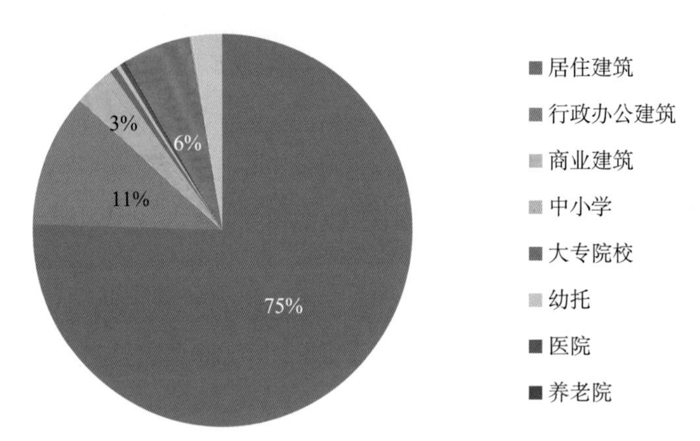


图 5－8　上海市不同建筑功能建筑栋数占比

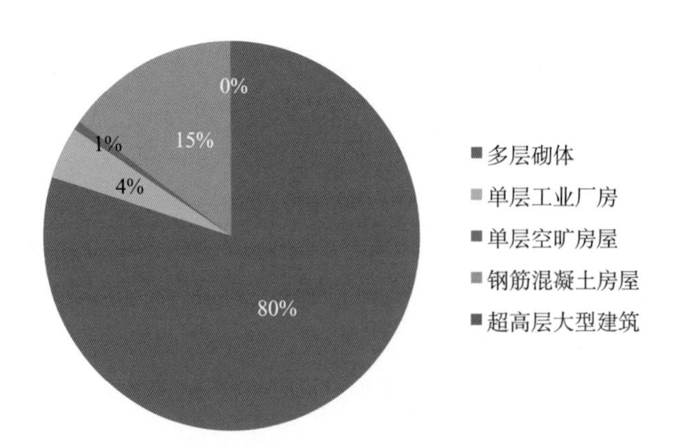


图 5－9　上海市不同结构类型建筑栋数占比

建筑普查数据各类统计成果太多，限于篇幅，不一一展示。图 5－10 为截取的上海市 150m 以上超高层建筑部分信息数据。

| | B | C | D | E | F | G | H | I |
|---|---|---|---|---|---|---|---|---|
| 1 | 建筑名称 | 中文名称 | 所属行政区划 | 结构高度(米) | 层数 | 竣工年份（建成） | 建筑材料 | 建筑功能 |
| 5 | 世茂国际广场 | 世茂国际广场 | 黄浦区 | 333.3 | 60 | 2006 | 混凝土 | 酒店 / 办公 / 零售 |
| 8 | 明天广场 | 明天广场 | 黄浦区 | 284.6 | 60 | 2003 | 混凝土 | 住宅 / 酒店 / 办公 |
| 9 | Hong Kong New World Tower | 香港新世界大厦 | 黄浦区 | 278.3 | 59 | 2004 | 复合材料 | 酒店 / 办公 / 零售 |
| 34 | Pullman Shanghai Skyway Hotel | 上海斯格威铂尔曼大酒店 | 黄浦区 | 226 | 52 | 2007 | 混凝土 | 住宅 / 酒店 |
| 35 | Raffles Square Tower | 来福士广场 | 黄浦区 | 222 | 49 | 2003 | 混凝土 | 办公 |
| 46 | Radisson New World Hotel | 新世界丽笙大酒店 | 黄浦区 | 208 | 47 | 2003 | 混凝土 | 酒店 |
| 53 | Lippo Plaza | 力宝广场 | 黄浦区 | 204 | 38 | 1998 | | 办公 |
| 58 | Bund Center | 外滩中心 | 黄浦区 | 198.9 | 45 | 2002 | 混凝土 | 办公 |
| 63 | Lan Sheng Building | 兰生大厦 | 黄浦区 | 196 | 39 | 1997 | | 办公 |
| 69 | Huaxia Financial Square Tower A | 华夏金融广场 | 黄浦区 | 191 | 42 | 2003 | 混凝土 | 办公 |
| 70 | Huaxia Financial Square Tower B | 华夏金融广场 | 黄浦区 | 191 | 42 | 2005 | 混凝土 | 办公 |
| 83 | Ciro's Plaza | 仙乐斯广场 | 黄浦区 | 181 | 39 | 2002 | 混凝土 | 办公 |
| 89 | The Bund Finance Center North | 外滩金融中心 | 黄浦区 | 180 | 40 | 2016 | 混凝土 | 办公 |
| 90 | The Bund Finance Center South | 外滩金融中心 | 黄浦区 | 180 | 40 | 2016 | 混凝土 | 办公 |
| 92 | Shanghai Property Information Exchange Center | 房地大厦 | 黄浦区 | 180 | 35 | 2000 | | 办公 |
| 96 | Harbour Ring Plaza | 港陆广场 | 黄浦区 | 178 | 36 | 1998 | | 办公 |

图 5－10　上海市 150m 以上超高层建筑信息部分数据截图

从调查得到的结构类型分类来看，浦东新区的建筑结构类型比较丰富，很好地体现了上海建筑的特点。2003 年上海市地震局开展了“上海市浦东新区防震减灾辅助决策系统”的建设工作，在该项工作中，对浦东新区的建筑进行了较为详细的抽样和结构易损性分析工作，这为本项目的完成打下了良好的基础。上海市在相同年代进行项目建设时都遵照同样的规范和标准进行规划、设计、施工，历史震害经验表明，相同年代建设的同一结构类型的房屋在同样的地震作用下具有基本相同的震害特征。

故，在上海市逐栋建筑基础信息普查的基础上，本项目选取了浦东新区作为建筑详细抽样的范围，在整理 2003 年已有详细抽样信息资料的基础上，根据近十几年来的建设情况，有针对性地补充抽样，详细样本累计 6700 多栋，达到了《城市抗震防灾规划标准》对抽样率 1%的要求。完成了对浦东新区各类结构抽样样本的计算。抽样样本震害指数计算过程部分数据示意如图 5－11 所示。

| A | B | C | D | F | G | H | T | V | W | X | Y | BT |
|---|---|---|---|---|---|---|---|---|---|---|---|---|
| No | 单位 | 年代 | 修正系数之和 | 层数 | 层数折算K | 高度m | 砂浆M | 墙体抗剪强度Pi | 各层建筑面积m2 | cm2 | 墙体水平截面面积m2 | 楼层单位面积上抗剪强度Ai |
| 1160 | 浦兴五莲路 | 2001 | (0.80) | 5 | 0.26 | 16 | 10 | 1.20 | 286.58 | 265000 | 26.5 | 145.31 |
| 1162 | 浦兴五莲路 | 2001 | (0.80) | 5 | 0.26 | 16 | 10 | 1.20 | 286.58 | 265000 | 26.5 | 145.31 |
| 1163 | 浦兴五莲路 | 2001 | (0.80) | 5 | 0.26 | 16 | 10 | 1.20 | 286.58 | 265000 | 26.5 | 145.31 |
| 1164 | 浦兴五莲路 | 2001 | (0.80) | 5 | 0.26 | 16 | 10 | 1.20 | 286.58 | 265000 | 26.5 | 145.31 |
| 942 | 广兰路248弄 | 2000 | (0.80) | 6 | 0.24 | 19.55 | 10 | 1.20 | 66258.31 | 66250000 | 6625 | 144.43 |
| 1152 | 浦兴 五莲 | 2001 | (0.80) | 6 | 0.24 | 18 | 10 | 1.20 | 605.16 | 600000 | 60 | 143.21 |
| 1161 | 浦兴五莲路 | 2001 | (0.80) | 6 | 0.24 | 18 | 10 | 1.20 | 403.68 | 400000 | 40 | 143.13 |
| 806 | 振兴东路12 | 2001 | (0.80) | 6 | 0.24 | 15 | 10 | 1.20 | 1464 | 1420000 | 142 | 140.10 |
| 1019 | 川沙路4850 | 2000 | (0.80) | 5 | 0.26 | 15.47 | 10 | 1.20 | 793.86 | 680000 | 68 | 134.60 |
| 1304 | 上海市第7人 | 2000 | (0.80) | 4 | 0.33 | 7 | 5 | 1.13 | 444 | 286000 | 28.6 | 121.31 |
| 346 | 灵山路1724 | 2000 | (0.80) | 7 | 0.20 | 21.2m | 10 | 1.20 | 299.71 | 300000 | 30 | 120.12 |
| 345 | 灵山路1724 | 2000 | (0.80) | 7 | 0.20 | 21.2m | 10 | 1.20 | 463.4 | 460000 | 46 | 119.12 |
| 75 | 上海仁信物 | 2001 | (0.80) | 6 | 0.24 | 17.4 | 10 | 1.20 | 825.2 | 640000 | 64 | 112.03 |
| 1296 | 耀华路579弄 | 2000 | (0.80) | 6 | 0.24 | 17.85 | 7.5 | 1.17 | 861.31 | 668300 | 66.83 | 108.81 |
| 90 | 浦东三村51 | 2000 | (0.80) | 6 | 0.24 | 19 | 10 | 1.20 | 794 | 550000 | 55 | 100.06 |
| 812 | 扬新路281弄 | 2000 | (0.80) | 6 | 0.24 | 17.7 | 10 | 1.20 | 641.86 | 433500 | 43.35 | 97.56 |
| 682 | 孙桥路238弄 | 2001 | (0.80) | 7 | 0.20 | 22.2 | 10 | 1.20 | 520 | 422600 | 42.26 | 97.52 |
| 683 | 孙桥路238弄 | 2001 | (0.80) | 7 | 0.20 | 22.2 | 10 | 1.20 | 520 | 422600 | 42.26 | 97.52 |
| 684 | 孙桥路238弄 | 2001 | (0.80) | 7 | 0.20 | 21.8 | 10 | 1.20 | 527 | 424000 | 42.4 | 96.55 |
| 681 | 孙桥路238弄 | 2001 | (0.80) | 7 | 0.20 | 21.8 | 10 | 1.20 | 527 | 424000 | 42.4 | 96.55 |
| 286 | 上南路4185 | 2000 | (0.80) | 6 | 0.24 | 19 | 10 | 1.20 | 506 | 320000 | 32 | 91.35 |
| 612 | 上海金鹏房 | 2000 | (0.80) | 6 | 0.24 | 18.9m | 7.5 | 1.17 | 903.33 | 572700 | 57.27 | 88.91 |
| 650 | 杨高南路12 | 2001 | (0.80) | 6 | 0.24 | 18m | 7.5 | 1.17 | 4429 | 2400000 | 240 | 75.99 |

图 5－11　抽样样本震害指数计算过程部分数据示意

# 第6章 数据库建设

对海量建筑基础属性数据和抗震能力评估数据进行汇总、整合、处理、质检，建立上海市建筑抗震能力基础数据库。城市建筑的抗震普查需要大量资料，其类型庞杂、信息多样，需要分门别类管理，绝大多数基础资料是地图，还有大量的统计资料，因此建立建筑抗震能力基础数据库是抗震普查的客观需要。通过数据库可以实现图形、表格、图像、文档资料的一体化管理。本项目采用 Oracle 数据库系统组织、存储和管理调查、收集和评估的海量数据资料。

## 6.1 数据库设计

**1. 数据的一致性与标准性**

数据库的设计除了遵循数据库设计的软件行业标准外，还遵循国家、行业和地方标准及行业的习惯性事实标准，以方便数据交流及功能的实行。

**2. 数据的实用性与完整性**

数据库设计充分考虑工作的实际情况和实际应用特点，按照系统规模和实际需求，遵循“先进性与实用性并重”的原则，保证数据的实用性。

数据完整性用来确保数据库中数据的准确性。数据库中的完整性一般是通过约束条件来控制的。约束条件可以检验进入数据库中的数据值。约束条件可以防止重复或冗余的数据进入数据库。在系统中可以利用约束条件来保证新建或修改后的数据能够遵循所定义的业务知识。

**3. 数据的独立性和扩展性**

尽量做到数据库的数据具有独立性，独立于应用程序，使数据库的设计及其结构的变化不影响程序，反之亦然。另外，根据设计开发经验，需求分析再详细，使用人员所提的需求也不可能全面提出，此外，业务也是在变化的，所以数据库设计要考虑其扩展能力，使得系统增加新的应用或新的需求时，不至于引起整个数据库结构的大的变动。

**4. 数据的安全性**

数据库是整个信息系统平台的核心和基础，它的设计要保证安全性。通过设计一个合理和有效的备份和恢复策略，在数据库因天灾或人为因素等意外事故，导致数据库系统毁坏，要能在最短的时间内使数据库恢复。通过做好对数据库访问的授权设计，保证数据不被非法访问。

**5. 数据分级管理机制**

根据系统平台访问角色，将用户分成领导决策分析用户、系统平台管理用户、运行浏览用户和运行调度用户等几个角色，分别赋予角色访问数据的权限和使用系统平台功能的权限，严格控制角色登录，实现数据的分级管理。

**6. 统一考虑空间、属性、设施、模型数据的兼容性**

数据库设计的时候充分考虑数据采集、数据入库、数据应用的紧密结合。便于在空间数据的基础上进行设施及相关属性的考虑；空间数据格式设计时充分考虑与模型所需数据的结合，利于模型数据直接使用空间及设施的相关数据。

## 6.2 数据标准规范

### 6.2.1 数据规范

**1. 数据整合规范**

数据整合规范主要包含术语标准、数据元标准、信息分类编码标准、信息整合规范、信息资源目录规范、数据库标准规范、数据服务接口规范、数据交换规范和数据质量检查规范。

术语是指在专业领域中特定概念的词语指称。术语标准是一种对术语的质量控制与规范的过程，它包含着术语的使用者能够就某一个已知的术语或者尚未确定的术语在特定情景中或者在特定领域中的使用达成权威的、公认的统一看法。为了使城市建筑时空数据的数据不产生歧义，数据的使用者必须获取关于数据的描述从而理解数据的含义，这就要求数据必须得到充分的、唯一的描述术语标准。数据仓的术语标准是对数据仓中涉及的词条或字段进行明确的定义和确切的解释，其内容包括规范的字段名称、文字定义及一些必要的说明，保证整个系统及不同的系统之间使用共同的语言实现信息交流。

数据元是数据的基本单元，数据元标准就是对对象的属性进行一致性和精确性规范，既不允许有同名异义的数据元素，也不允许有同义异名的数据元素，以便在跨系统过程中，通过定位、获取和交换，增加其可用性和共享性。信息共享的关键要素就是数据元，有了数据元就为数据交换和共享提供了数据层面上统一的数据交换规范。无论各系统的业务数据如何处理，只要按照数据元规范统一映射，即可确保数据语义、类型和格式的一致。

信息分类编码标准将信息按照一定的原则和方法进行分类，然后一一赋予代码，使每一项具体信息与代码形成唯一的对应关系，为数据记录、存取、检索提供一种简短、方便的符号结构，从而便于实现信息处理和信息交换，提高数据处理的效率和准确性，且增强信息的保密性。

数据交换规范主要是制定一套统一的数据接口标准，统一的数据交换规范，形成一套适用于绿化市容时空数据的数据交换和管理模式，使不同来源的异构信息都能够通过这个统一标准实现对不同系统、不同类型、不同地理位置的信息交换和集中，通过平台集中进行发布，实现数据的交换和统一发布。数据库标准规范主要为确保数据库建设过程中按照统一的空间数据数学基础，统一的数据分类代码、数据格式、命名规则和统计口径等，为数据建库提供指导和依据。数据质量检查规范主要定义数据质量检查工作流程、检查方式、检查规则以及对质量的评估模型，从而保障数据的质量。

制定资源数据汇交管理办法，包括汇交数据组成、格式、质量、精度、空间参考等一系列规范；制定数据汇交的流程、质检流程、应急流程、反馈流程等管理办法，确保时空数据能完整、及时、保质的汇交到基础数据库中。

**2. 数据更新规范**

制定城市建筑时空数据更新的制度规范，包括更新数据包的组成、格式、质量、精度、空间参考等一系列规范；制定各类数据更新的管理办法，包括更新流程、质检规则、更新日志、历史数据管理与维护等管理办法等；明确各类时空数据的相关责任方，包括更新责任人、更新频度、更新方式、质量保证等，确保建筑空间数据的现势性、一致性和准确性。

建立可持续的数据更新机制，由数据库更新职能部门对通过生产、汇交或交换获得的现势数据完成基础数据库的版本升级，实现数据库更新的安全性、有效性和现势性，并确保数据更新能够满足有关数据管理和应用要求。

### 6.2.2　服务规范

需要遵循的服务技术规范包括 WMS、WFS、WCS、WFS-G、WPS、CSW（UDDI）。

建设的服务规范及标准有：

《城市建筑时空数据资源目录建设技术规范》

《城市建筑时空数据电子地图服务接口规范》

《城市建筑时空数据资源目录服务接口规范》

## 6.3　数据内容组织

基础地理数据：包括地形成果数据和遥感影像数据。地形成果数据包括行政区界层、水系信息层、道路边线层、道路中心线、建筑轮廓层、居民地层、基础设施层、地名数据层、注记层、城市绿地层、特征地物层等数据。遥感影像数据以第二次全国土地调查为基础生产制作的遥感影像数据。

建筑基础信息数据库：涵盖上海市各行政区划所有类别建筑的属性信息，记录建筑的区划、街道、名称、结构类型、功能用途、高度、建造年代、抗震设防水平等。

不良地震地质图层数据：包括液化土层和隐伏断层数据，液化土层范围内和隐伏断层两边各 1km 影响范围内的建筑信息。

建筑抗震能力评估结果数据：涵盖上海市各行政区划所有建筑在地震烈度Ⅵ、Ⅶ、Ⅷ度下的抗震能力评估结果。

多媒体资源库：记录建筑相关的影像、照片等资料。

档案资源库：记录建筑相关的地质勘探报告、设计图纸、设计计算书、竣工图纸、工程验收文件、建筑现状图、宗地总图等资料。

其他数据：包括系统平台管理等数据。

## 6.4　数据资源目录建立

基于城市建筑时空信息统一数据模型，实现数据的综合管理，建立统一的城市建筑时空信息数据目录，形成上海市覆盖、内容完整、准确权威、动态鲜活的统一城市建筑时空信息数据资源。

（1）数据资源总目录：按数据业务类型分类，建立城市建筑时空信息管理与服务相关的所有在线数据资源的总目录，编录相关元数据信息。

（2）物理数据库目录：建立统一的城市建筑时空信息物理数据仓目录，编录相关元数据信息。

（3）数据资源共享服务目录：建立可以提供给上海市地震局相关管理部门共享使用的城市建筑时空信息资源目录，编录相关元数据信息。

（4）数据资源公开服务目录：建立可以向社会公开发布的数据资源目录，编录相关元数据信息。

## 6.5　数据整合入库

遵循统一的数据库标准，在数据整合建库技术规范的指导下，全面清理和整理辖区内建筑相关时空数据，开展数据整合，建立关联关系，完善建成符合共享标准的基础数据库。将上海市建筑抗震能力普查成果数据更新至上海市建筑抗震能力基础数据库，并对完成的抗震能力评估结果进行了统一管理。

针对多源、异构、标准不一的现有存量数据，基础数据库可采用数据整理建库、整合、数据库连接注册、数据服务集成等多种方式实现存量数据整合建库。基础数据库建设根据项目特点，灵活采用数据库链接注册、数据整理建库、数据整合、数据服务集成等多种模式；原则上围绕应用需求，遵循“谁生产，谁负责，谁更新”的数据更新责任制度；依据城市建筑时空信息框架模型，实现各类建筑时空数据统一数据组织与规范，且数据管理与数据应用做松耦合的分离。

**1. 数据汇集**

调查收集建筑各类信息，对收集的数据进行分析、处理、转换、整饰和入库，根据数据具体情况制定梳理计划。对于历史数据、问题数据以及缺失数据，通过数据补录的方式完善数据内容，进行一系列数据处理，实现数据入库。

**2. 数据处理**

1）数据抽取

数据抽取是从数据源获取所需数据的过程，数据抽取的主要工作包括：

数据范围过滤，完全抽取源表所有记录或按指定日期进行增量抽取；

抽取字段过滤，全部抽取源表所有字段或包括过滤掉不需要的源数据字段；

抽取条件过滤，如过滤到指定条件的记录；

数据排序，如按照抽取的指定字段进行排序。

2）数据转换

数据转换主要完成从原始数据转换为目标文件格式，转换过程中，使用空间数据转换规则来实现不同数据的转换。规则的定义是通过元数据管理工具来实现，可以定义一种数据向另一种数据转换的逻辑规则，如图层的转换规则、字段的转换规则等。转换工具根据元数据规则对数据重新组织。原始数据中包含的图形数据的符号、线型、颜色、图层等信息也需要进行元数据定义，这些信息是数据入库时确定类型、编码的主要依据。

**3. 数据检查**

基于空间数据元数据描述来检查空间要素和非空间要素所存在的错误和误差。数据检查采用元数据中的检查规则和空间数据引擎来完成。

数据检查包括数据完整性、属性精度、空间精度、逻辑一致性四个方面的内容。数据检查是解决目前空间数据问题的一个重要途径，空间数据的编码、分层、拓扑、图属不一致、逻辑错误以及人为错误等，都可以在软件的辅助下检查出来从而进行修改，是提高空间数据质量的重要手段。数据检查流程如图 6－1 所示。

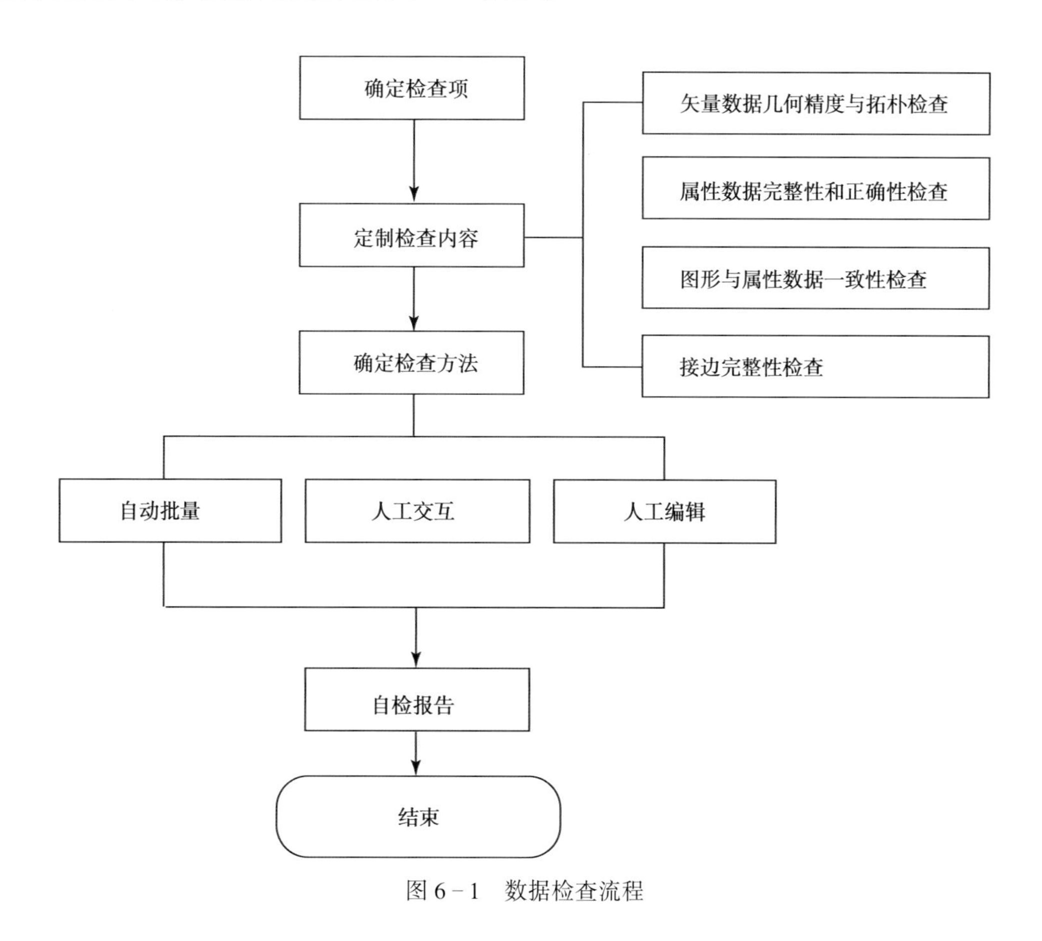


图 6－1　数据检查流程

**4. 数据入库**

数据入库是按照元数据库中的描述和对应关系，将转换后的数据按照定义对应到新数据库，并分别赋予属性。转换时，需要使用 GIS 组件和数据库组件来做一些处理，如线状要素构面等。根据数据库建设模型，在 SQL Server+ArcGIS Server 环境中，建立数据库结构，导入各类数据。ArcGIS Server 将自动建立空间索引。影像数据是通过空间数据引擎将压缩后的 ECW 或 MrSID 数据存放到空间数据库中。

**5. 数据组织管理**

为保证应用系统平台高能力的运行，对数据库中空间数据进行科学合理的组织和管理，如关键字设定、建立索引、表空间分配、临时表的应用、数据更新机制等。

基于本次项目的数据量巨大，为保证应用系统平台高能力的运行，充分发挥 ArcSDE 的特点，建立空间索引对数据库中空间数据进行组织和管理。通过 ArcGIS Server 的能力调整，建立合理的空间索引和属性索引，能加速表与表之间的连接，在使用分组和排序子句进行数据检索时，可以显著减少查询中分组和排序的时间，加快数据的检索速度，提高数据查询效率。

针对图形界面中因建筑面要素数据量巨大而导致的加载缓慢问题，对上海市建筑面进行网格化处理，将上海市建筑面分为了 30 个区块（图 6－2），在需要显示建筑面时进行动态处理，获取需要显示的建筑区块，从而避免每次加载全部数据导致的资源浪费和效率低下。

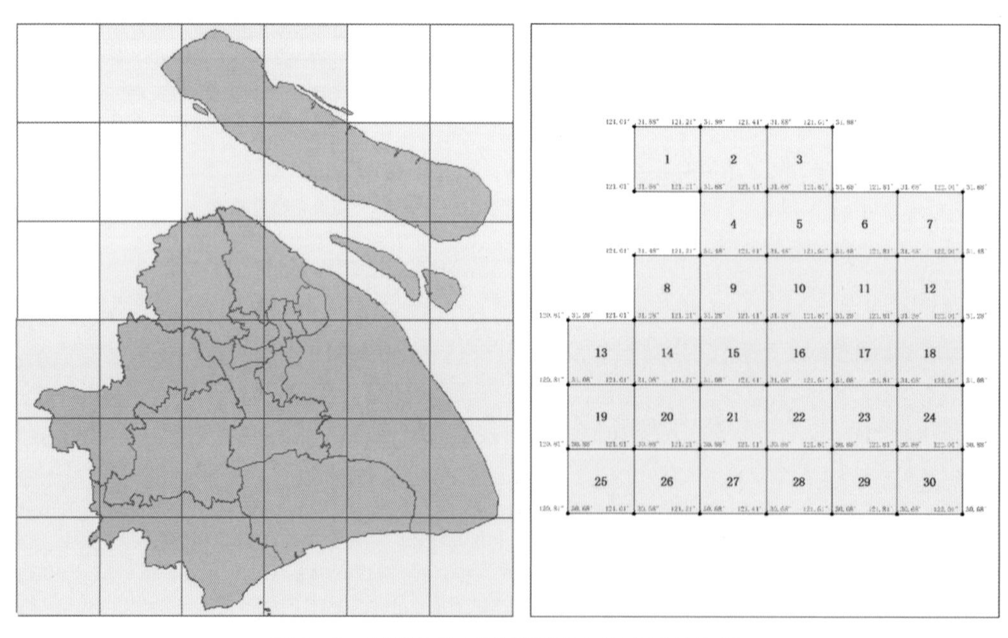


图 6－2　网格化处理样例图和上海市区分块图

## 6. 6　数据更新设计

基础数据库数据更新设计包括数据更新源、数据交换层、数据更新层、核心数据库和数据服务层。数据更新架构设计详述如下：

**1. 数据交换层**

数据交换层是由数据应用服务系统中的数据交换中间件将数据更新源数据进行交换后提供给数据更新层进行数据更新。

**2. 数据更新层**

数据更新层包括地图服务集成、批量或增量更新、数据补录、实时或同步更新以及抽取更新几种更新机制。通过数据更新层完成对核心数据库的更新，包括元数据库、现状数据库、调查数据库和管理数据库。

**3. 服务层**

服务层包括目录服务、切片地图服务、动态地图服务和分析模型。目录服务以更新目录的方式更新目录服务；切片地图服务以切片更新的方式对切片地图服务进行更新；动态地图服务以更新地图服务的方式进行更新；分析模型通过对主题数据集市的模型进行更新。

根据数据更新机制和技术标准要求，按照“谁生产，谁负责”的原则，以“时点变更为基础，实时变更为目标”，基础数据库的更新依据数据源的特点，采取不同的数据更新机制，更新方式包括：地图服务集成、批量或者增量更新、数据补录、数据同步与实时更新等。

1）地图服务更新策略

遥感影像数据等基础地理信息数据由市测绘局通过更新底层数据，在线发布、更新地图服务等方式进行更新，其更新频率，更新方式与现有更新模式保持一致，保障服务的稳定与高效。

2）批量或增量更新

城市建筑时空数据通过批量或增量的更新方式进行数据更新，包括数据包接送、数据整理、数据质检、数据完整性检查及数据更新等多个更新步骤来完成。批量更新指数据源更新时，将整套数据（库）重新提交，原有数据作为历史数据保留；增量更新是指数据更新时，只进行增量部分的更新。在与原有数据叠加、拓扑重构后形成更新数据。

3）数据补录

调查补录数据通过数据补录更新机制进行数据更新，包括数据录入、数据更新和数据完整性检查多方面。

4）实时或同步更新

其他行业共享数据采用实时或同步更新机制，更新策略包括数据推送、数据更新、完整性配置和完整性检查等。

## 6.7 数据共享应用

通过统一的平台 ArcGIS Server 发布管理地图服务，发布的地图服务格式支持符合 OGC 规范的 WMS（Web 地图服务）、WFS（Web 要素服务）、WC/S（Web 地理覆盖服务）标准。

## 6.8 数据安全管理

（1）提供数据的本地冗余备份。保障数据的安全主要是从数据安全、用户和权限管理两方面加以考虑。数据安全对策主要是通过选择成熟的大型商业数据库管理平台软件，设计合理的故障备份/恢复策略，配套相应的基础软硬件设备，如磁盘阵列、磁带机和备份软件来具体实现，以确保数据库具有高可用性，并具备在线备份和恢复功能；具备针对磁盘、主机各种故障的容错能力；提供容灾保护，具有准确、快速地恢复人为错误的机制。

（2）保证建筑数据资料的安全性，所有入库的数据资料需要相应的备份策略和安全策略。有条件者可实行数据异地备份，采集的历史数据保存期不得少于 5 年。

（3）数据交换与应用接入不能影响已有应用系统的安全可靠性，采用 RSA 加密算法对上传数据进行加密，苏宁通过获取平台密钥对上传数据进行加密，在数据上传完成后，平台服务器通过对应密钥对上传数据进行解密存储，且上传数据加密需至少能满足 C#，JAVA 两种编程语言实现，保证数据传输过程的安全可靠。

（4）在数据交互过程中，考虑保证系统数据的安全性。数据提供方在上传数据之前，通过接口从平台处获取密钥，然后通过该密钥对数据进行加密，当数据上传至平台后，平台服务器根据相对的密钥对加密的数据进行解密，并存入数据库，保证数据的安全性。提供操作日志：对系统数据的每一次增加、修改和删除都能记录相应的修改时间、操作人和变更详情（即从什么原始数据修改成什么目的数据）的数据记录。

（5）记录系统异常信息日志。对于异常事件能够记录日志，包含异常的类别、发生时间、异常描述等信息。

（6）异常信息日志回卷。对于异常记录，能够进行自动或者人工的回收处理。

# 第7章　建筑抗震能力测算评估系统设计

## 7.1　建筑抗震能力评估

对于上海市地区量大面广的一般建筑抗震能力的评估，采用结构分类评估法求得样本数据震害矩阵，然后结合平均震害指数法，由样本数据震害矩阵获得普查样本的震害矩阵，基于Oracle建立上海建筑抗震能力数据库。对于150m以上且经过严格抗震设计但未经震害检验的超高层大型重要建筑的抗震能力评估，采用美国联邦应急管理署提出的HAZUS方法。最终得出更符合上海实际和城市建筑特点的震害矩阵，同时提出适合上海城市建筑特点的抗震能力普查评估方法。

其中，对于结构分类法，本项目根据上海市的地震背景和建筑组成特点，在原结构分类评估方法上，做了如下调整。尹之潜等建立的原结构分类评估方法的烈度范围为Ⅵ、Ⅶ、Ⅷ、Ⅸ、Ⅹ度，考虑上海的地震背景特点，评估的烈度范围定为从Ⅵ、Ⅶ、Ⅷ度的三个等级。《地震灾害预测及其信息管理系统技术规范》中，把建筑分为重要建筑和一般建筑这两大类，在一般建筑中又根据建筑的结构类型，分为多层砌体房屋、多层钢筋混凝土房屋、高层建筑、单层民宅、其他类别等五类。本项目在此基础上，考虑到上海目前的房屋结构分布中，仍以多层砌体房屋和多层钢筋混凝土房屋为主，但近年来高层及超高层建筑大幅增加，同时尚有一定数量的老旧民房和单层厂房，故将结构类型分为以下五种：多层砌体、钢筋混凝土、超高层大型建筑、老旧民房、单层工业厂房和单层空旷房屋。地震破坏的等级划分为以下五个等级，即：基本完好、轻微破坏、中等破坏、严重破坏和毁坏，分别建立各类不同结构类型的地震易损性矩阵。

烈度圈是指地震发生后，根据建筑的宏观破坏程度和地表变化的状况，评定距离震中不同位置的地震烈度，绘出的烈度等值线。平台提供两种烈度圈绘制方法。其一，根据地震烈度衰减模型动态生成烈度分布圈；其二，根据某次地震事件上海各强震台站监测的烈度数据，采用克里金插值法进行空间插值的拟合计算，得出该次地震在上海市范围的地震烈度插值拟合面（插值计算时，没有采集到数据的台站不参与计算，将进行过滤排除），得出的插值拟合面作为烈度分布圈。

本项目上海市抗震能力评估系统是以GIS软件为平台，利用Web Service服务，将生成的烈度圈与建筑抗震能力评估结果数据进行叠加分析计算，获得每栋建筑在对应烈度下的建筑破坏状态（基本完好、轻微破坏、中等破坏、严重破坏、毁坏）。评估系统分模拟测算评估系统和实测评估系统。

## 7.2　模拟测算评估系统设计

### 7.2.1　功能概述

模拟测算评估系统是在某设定地震的下，测算评估建筑抗震能力现状的功能模块。用户通过输入震中经纬度坐标、地震震级和倾向角参数，进行建筑抗震能力现状的在线模拟测算评估。评估结果通过地图呈现，可以直观地展示各单栋建筑在地震烈度Ⅵ、Ⅶ、Ⅷ度下的五种破坏状态，即基本完好、轻微破坏、中等破坏、严重破坏、毁坏，分别用蓝色、绿色、黄色、橙色、红色表示，分类、分色块、分图层展示。

### 7.2.2　设定地震输入

模拟测算系统需要用户输入震中经纬度坐标、地震震级和倾向角，在线模拟测算建筑抗震能力现状。经纬度坐标可以手动输入或在地图上直接选点，如图 7－1 所示。

图 7－1　设定地震输入窗口

### 7.2.3　地震烈度衰减模型

在统计分析地震烈度衰减关系时，通常假设地震震源为点源模型，地震烈度衰减则取椭圆模型。该模型的衰减曲线起始点应是重合的，在中等距离上长、短轴之间有差别，曲线呈椭圆形，到了远场，由于发震构造的影响已经消失，烈度等震线趋于圆形，长、短轴衰减曲线也趋于重合。现有应急指挥技术系统在进行烈度影响场计算时也采用这种椭圆长短轴联合衰减模型，该模型可以保证长短轴在 $R=0$ 时烈度相等，而中等距离上仍保持长、短轴烈度的差别，同时在远场使等震线成圆形。联合衰减模型的方程为：

$$I = a + bM + c_1\lg(R_1 + R_{0a}) + c_2\lg(R_2 + R_{0b}) + \varepsilon$$

式中，$I$ 为地震烈度；$M$ 为震级；$R_{0a}$和 $R_{0b}$分别为长、短轴两个方向烈度衰减的近场饱和因子；$R_1$ 和 $R_2$ 分别为烈度 $I$ 的椭圆等震线的长半轴和短半轴长度；$a$、$b$、$c_1$ 和 $c_2$ 均为回归系数；$\varepsilon$ 为回归分析中表示不确定性的随机变量，通常假定为对数正态分布，其均值为 0，标准差为 $\sigma$。

由于受地质构造的影响，一般来说地震烈度等震线呈椭圆形。沿发震断层方向烈度衰减较慢，而与断层垂直方向上烈度衰减较快。考虑地震烈度不同方向衰减的差异，上海及邻近地区地震烈度衰减采用椭圆衰减模型。即用长短轴衰减公式体现不同方向地震烈度衰减的差异。衰减模型选用以下公式：

长轴：

$$I_l = a_l + b_l M + c_l \lg(R_l + R_{0l})$$

短轴：

$$I_s = a_s + b_s M + c_s \lg(R_s + R_{0s})$$

这是目前国际通用也是我国常用的衰减公式，式中，$I$ 为烈度；$M$ 为震级；$R$ 为震中距（km）；$a$、$b$、$c$、$R_0$ 为回归系数；下标 $l$、s 分别代表长短轴。该公式所代表的等震线为一组相互嵌套的椭圆，令其椭率为 $e$，根据几何关系有 $e^2 = 1 - b^2/a^2$，其中 $a$、$b$ 为椭圆的长短轴。显然，$0 \leqslant e \leqslant 1$，且 $e$ 值越小，椭圆越接近圆形，$e$ 值越大则椭圆越扁。也就是说，当 $R$ 趋近于 0 时，椭圆越来越扁，直至退化为一条线段，显然该线段是由断层破裂引起的；而当 $R$ 趋近于无穷时，椭圆越来越圆，到了远场发震构造的影响已经消失，因此椭圆长短轴衰减曲线也趋于重合。

## 7.3　实测评估系统设计

### 7.3.1　功能概述

实测评估系统以上海市地震烈度速报网络系统的地震烈度数据，即上海市强震台网监测的烈度数据作为地震输入，评估在某次实测地震事件下每栋建筑的抗震能力现状。通过地图呈现，可以直观地看到各单栋建筑在地震烈度Ⅵ、Ⅶ、Ⅷ度下的破坏状态，即基本完好、轻微破坏、中等破坏、严重破坏、毁坏五种破坏状态，分别用蓝色、绿色、黄色、橙色、红色表示，分类、分色块、分图层展示，同时自动统计各破坏程度下对应的建筑面积和建筑数量。

### 7.3.2　地震输入数据制备

用户可以通过输入地震相关信息创建地震事件，并导入台站检测数据以便进行后续的实测评估计算。也可通过“删除”功能删除不需要的地震事件记录。地震事件输入操作界面如图 7－2 所示。

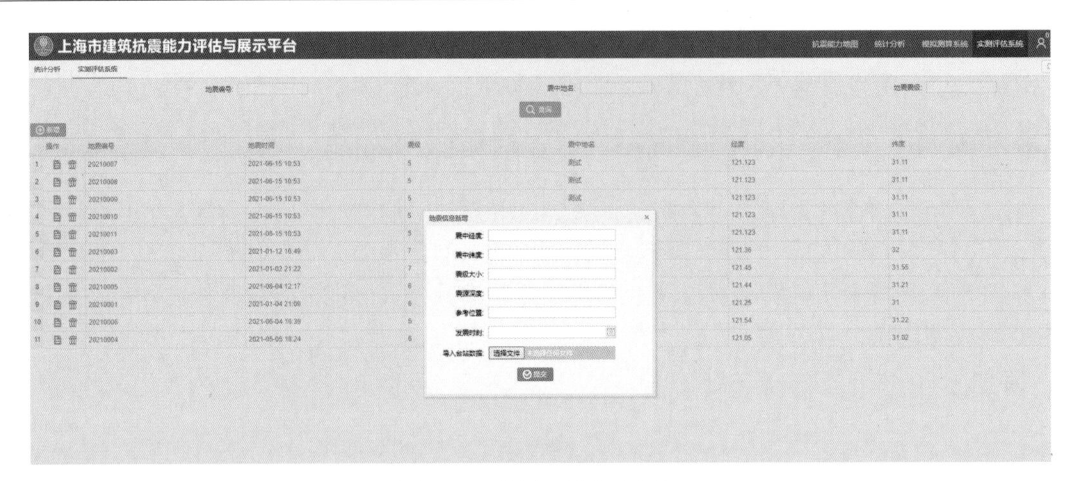


图 7－2　地震事件输入界面

【查询】根据输入地震编号/震中地名/地震震级的关键字，点击后在下方列表中显示查询结果。

【新增】支持手动填写地震相关信息（震中经度、震中纬度、震级大小、震源深度、参考位置和发震时刻），可以选择上传台站监测数据，填写完成后点击保存地震记录。

【删除】选择要删除的记录点击“删除”按钮，确认后删除此条记录。

【详情查看】选择要查看详情的记录点击按钮，打开台站数据详情界面。

### 7.3.3　地震烈度场

根据某次地震事件中上海各强震台站监测的烈度数据，采用克里金插值法，利用空间插值分析工具进行空间插值的拟合计算，得出该次地震在上海市范围的地震烈度插值拟合面（插值计算时，没有采集到数据的台站不参与计算，将进行过滤排除），即地震烈度分布场，用于后续与建筑易损性分析结果的叠加分析和计算统计。

克里金插值方法（Kriging）是南非矿业工程师 D. G. Krige（克里格）名字命名的一项实用空间估计技术，是地质统计学的重要组成部分，也是地质统计学的核心。

克里金插值方法的研究对象是区域变化量，是一种最佳线性无偏估计方法。通过克里金插值估算未采样点的属性值需要经过两个步骤：①通过区域变化量的空间观测值来构建相应的差变函数模型，表征该变量的主要结构特征。②在结构分析的基础上，确定邻域搜索范围，求解克里金方程和求取未采样点的属性值。基本原理如下：

假定存在某一研究区域 $D$，对于区域变化量 $Z(x) \in D$，$x_1$、$x_2$、…、$x_n$ 为区域内取得的 $n$ 个观测点，$Z(x_1)$、$Z(x_2)$、…、$Z(x_n)$ 为相对应观测值。区域存在某一未采样点 $x_0$，其估计值为 $Z^*(x_0)$，$Z^*(x_0)$ 可以通过一个线性关系来估值：

$$Z^*(x_0) = \Sigma_{i=1}^{n} \lambda_i Z(x_i) \tag{7-1}$$

公式（7－1）中 $\lambda$ 为权值，由此可知，克里金插值的目的就是求取权值。由于克里金插值是一种无偏最优化插值，故无偏性和估计方差最小成为权值 $\lambda$ 的标准选择，需要满足两个条件，见公式（7－2）

$$\begin{cases} E[Z^*(x_0) - Z(x_0)] = 0 \\ \mathrm{Var}[Z^*(x_0) - Z(x_0)] = \min \end{cases} \tag{7-2}$$

区域化研究变量符合二阶平稳假设，由公式（7－2）中无偏条件可知

$$\left.\begin{aligned} & E[Z^*(x_0) - Z(x_0)] \\ & E\left[\sum_{i=1}^{n} \lambda_i Z(x_i) - Z(x_0)\right] \\ & \left(\sum_{i=1}^{n} \lambda_i\right) \times m - m = 0 \end{aligned}\right\} \Rightarrow \sum_{i=1}^{n} \lambda_i = 1 \tag{7-3}$$

由公式（7－2）的方差最小特征可知

$$\sigma_k^2 = \mathrm{Var}[Z^*(x_0) - Z(x_0)] = E[(Z^*(x_0) - Z(x_0))^2] = \min \tag{7-4}$$

通过拉格朗日乘数法条件极值可得

$$\frac{\partial}{\partial \lambda_i}\left[E[Z^*(x_0) - Z(x_0)^2] - 2\mu \sum_{i=1}^{n} \lambda_i\right] = 0 \tag{7-5}$$

通过推导可得 $n+1$ 阶线性方程组

$$\sum_{i=1}^{n} \bar{C}(x_i - x_j)\lambda_i - \mu = \bar{C}(x_0 - x_j) \tag{7-6}$$

其中公式（7－6）中 $\bar{C}(x_i - x_j)$ 表示采样点之间的协方差，$\bar{C}(x_0 - x_j)$ 表示估值点与采样点之间的协方差。

区域变化不满足二阶平稳，但是满足本征假设时，公式（7－6）的协方差函数可以用变差函数来代替

$$\sum_{i=1}^{n} \bar{\gamma}(x_i - x_j)\lambda_i + \mu = \bar{\gamma}(x_0 - x_j) \tag{7-7}$$

由公式（7－3）和（7－7）可知，克里金方程组为

$$\begin{cases} \sum_{i=1}^{n} \bar{\gamma}(x_i - x_j)\lambda_i + \mu = \bar{\gamma}(x_0 - x_j) \\ \sum_{i=1}^{n} \lambda_i = 1 \end{cases} \tag{7-8}$$

将公式（7－8）写成矩阵形式

$$[K'] \cdot [\lambda'] = [M']$$

$$[\lambda'] = \begin{bmatrix} \lambda_1 \\ \lambda_2 \\ \vdots \\ \lambda_n \\ \mu \end{bmatrix} \quad [M'] = \begin{bmatrix} \bar{\gamma}(x_1, x_0) \\ \bar{\gamma}(x_2, x_0) \\ \vdots \\ \bar{\gamma}(x_n, x_0) \\ 1 \end{bmatrix} \quad [K'] = \begin{bmatrix} \bar{\gamma}(x_1 - x_1) & \bar{\gamma}(x_1 - x_2) & \cdots & \bar{\gamma}(x_1 - x_n) & 1 \\ \bar{\gamma}(x_2 - x_1) & \bar{\gamma}(x_2 - x_2) & \vdots & \bar{\gamma}(x_2 - x_n) & \\ \vdots & \vdots & \cdots & \vdots & \vdots \\ \bar{\gamma}(x_n - x_1) & \bar{\gamma}(x_n - x_2) & \cdots & \bar{\gamma}(x_n - x_n) & 1 \\ 1 & 1 & \cdots & 1 & 0 \end{bmatrix} \tag{7-9}$$

通过克里金插值求取未采样点属性值，需要对已知采样点数据进行分析，求取实验差变函数值，通过理论变差函数模型拟合离散的实验变差函数值，获得采样点数据的变差函数模型。根据公式（7－9）求取克里金查之中的权值，将求解出的权值代入公式（7－1）中，求取未采样点的属性值。

# 第8章　建筑抗震能力调查评估展示平台功能设计

在基于Oracle建设的上海市建筑抗震能力数据库基础上，本项目以GIS软件为平台，进行了上海市建筑抗震能力调查评估系统和展示分析平台的研发，建设了上海市建筑抗震能力调查评估平台。

上海市建筑抗震能力调查评估平台以全上海建筑普查与评估数据库为数据支撑，平台主要功能模块包括抗震能力地图、统计分析、模拟测算系统和实测评估系统四大部分。

## 8.1　平台门户设计

上海市建筑抗震能力调查评估平台门户是了解上海市建筑抗震能力信息的窗口，也是使用数据库的入口，门户系统实现建筑抗震能力相关资源的整合、查找、共享及资源统一管理。门户通过统一的身份认证，确保平台的安全。通过门户导航，提供平台中相关功能应用的入口。

门户提供站点定制功能，可对门户系统的资源内容、默认底图、Web应用模版以及用户角色进行定制，使门户系统更加符合用户自身的要求。可通过管理员账户对整个组织进行设置，常规设置可以对门户的标题、描述等进行修改和设置。门户管理员可以对主页的风格进行自定义，同时也可以上传自己的图片来改变主页的风格。同时也可对专题地图展示区域增加和设置。还可以通过图库来设置要进行重点展示的地图资源。

上海市建筑抗震能力调查评估平台以基础数据库为数据支撑，对上海市建筑基于地图进行展示、浏览、查询、分析、统计、报表以及专题输出等，实现对上海市建筑抗震能力做出综合评价。平台主要功能模块包括地图操作模块、数据管理模块、展示分析模块以及系统管理模块，各功能模块再细分子功能模块，详见图8-1平台功能架构。

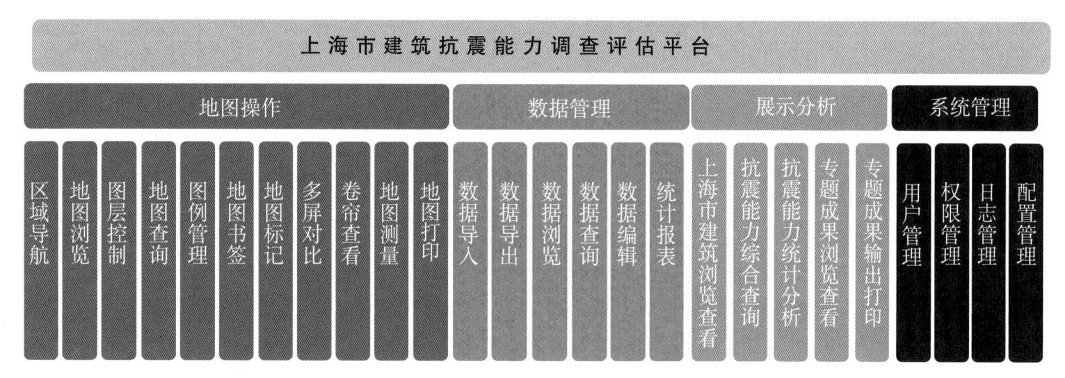


图8-1　平台功能架构

## 8.2　地图操作功能设计

### 8.2.1　功能概述

抗震能力地图分抗震设防水平专题和抗震能力现状专题，分别显示每栋建筑的 6 度以下设防、6 度设防、7 度设防抗震设防水平及其在地震烈度Ⅵ、Ⅶ、Ⅷ度下的破坏状态，分类、分色块、分图层展示。

为提高地图加载展示效率，利用 ArcGIS 切片地图服务技术，将抗震设防水平数据和抗震能力现状数据发布为切片服务，并根据基础底图的切片服务等级，将数据切片缓存等级设为 8 级，使用户在小比例尺级别下可以快速加载上海市相关数据，同时在大比例级别下保持使用矢量数据地图服务，满足单幢建筑精确数据的查询展示。

抗震能力地图提供多种地图操作工具，包括区域导航、地图浏览、图层控制、地图查询、图例管理、地图书签、地图标记、多屏对比、鹰眼查看、地图量测等，用户可综合运用 GIS 服务，在一张图上展示和实现各类建筑基础信息、抗震设防水平和抗震能力现状的综合查询、统计分析以及专题成果浏览查看、专题制图和输出打印等功能，为决策提供可视化、智能化数据支撑。

### 8.2.2　区域导航

抗震能力地图按区域分类定位导航，支持区域分级选取显示，支持设置、显示自己的默认区域，如图 8－2 所示。

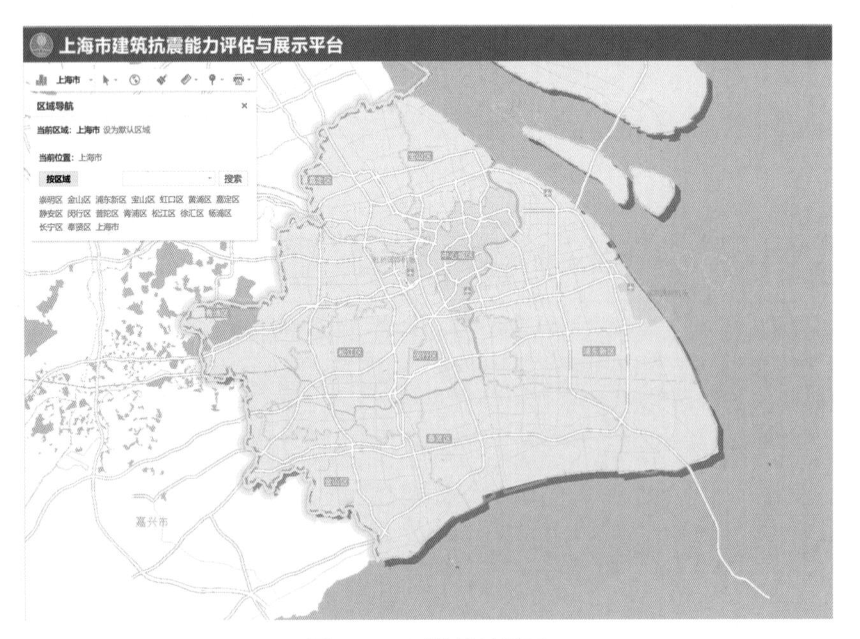


图 8－2　区域导航界面

### 8.2.3 地图浏览

为了方便用户的操作，提高用户体验，提供两种图形操作模式：

功能按钮方式：提供高度集成的一体化功能菜单，实现漫游、放大、缩小、全景、前一视图、后一视图等功能，实现图形的无级缩放。

鼠标操作方式：提供拉框放大、缩小，鼠标滚轮无极缩放等操作。

地图浏览界面如图 8－3 所示。

图 8－3 地图浏览界面

### 8.2.4 图层控制

系统平台图形显示及处理采用分层技术，对每一种地图要素集进行分层管理。可以按照用户的需求显示不同的图层和数据信息，可以按照不同用户组赋予的权限查看不同的数据资源信息。用户可以根据不同需要显示或隐藏各个图层。抗震设防水平地图分别显示在 6 度以下设防、6 度设防、7 度（分别用红色、橙色和绿色表示）设防建筑的抗震设防水平分布，如图 8－4 所示。抗震能力现状地图显示在地震烈度Ⅵ、Ⅶ、Ⅷ度下的建筑的破坏状态，分为基本完好、轻微破坏、中等破坏、严重破坏、毁坏五种破坏状态，分别用蓝色、绿色、黄色、橙色、红色表示，分类、分色块、分图层展示，如图 8－5 所示。

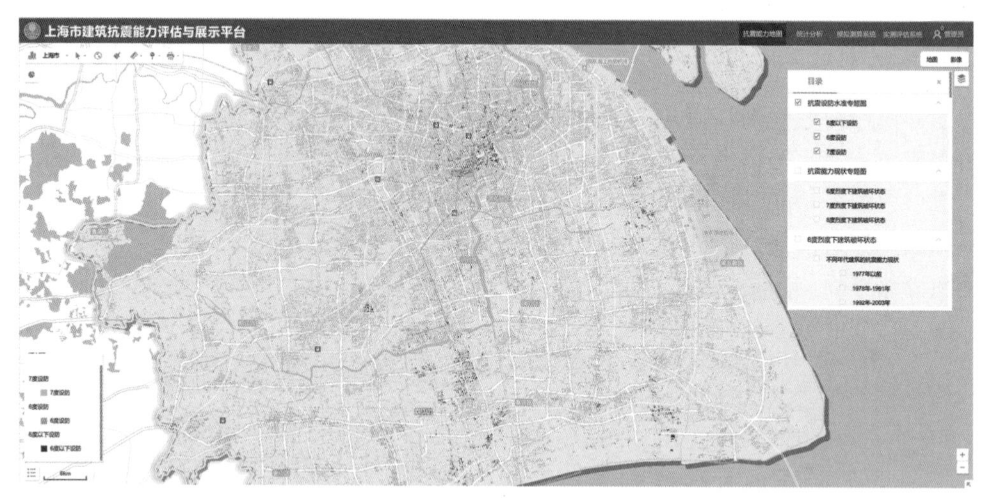


图 8－4　抗震设防水平地图图层控制界面

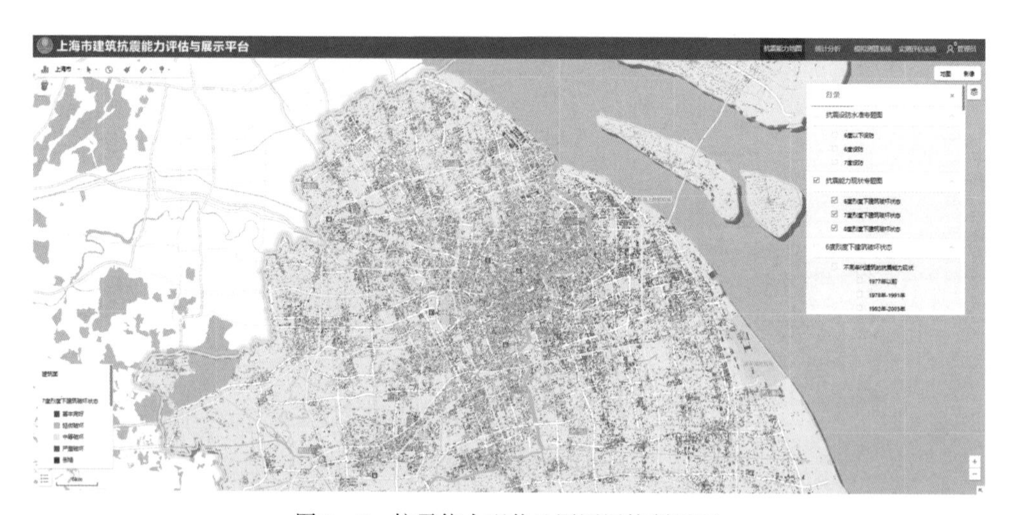


图 8－5　抗震能力现状地图图层控制界面

## 8.2.5　地图查询

地图查询支持多种地图交互方式，查询结果可配置，可联动，可收藏。抗震能力地图在查询时可显示建筑年代、建筑类型、结构类型和建筑高度。图 8－6 展示了地图查询的多种方式。

（1）单点查询：支持单图层点图查询。

（2）穿透查询：支持多图层点图查询。

（3）拉框查询：支持任意矩形框内的图层查询，如图 8－7 所示。

（4）多边形查询：支持任意多边形内的图层查询。

图 8 - 6　地图查询功能界面

图 8 - 7　拉框查询方式

## 8.2.6　图例管理

对不同的专题图，提供相应的图例显示。如建筑 6 度以下设防、6 度设防和 7 度设防分别用红色、橙色和绿色表示的图例，如图 8 - 8 所示。

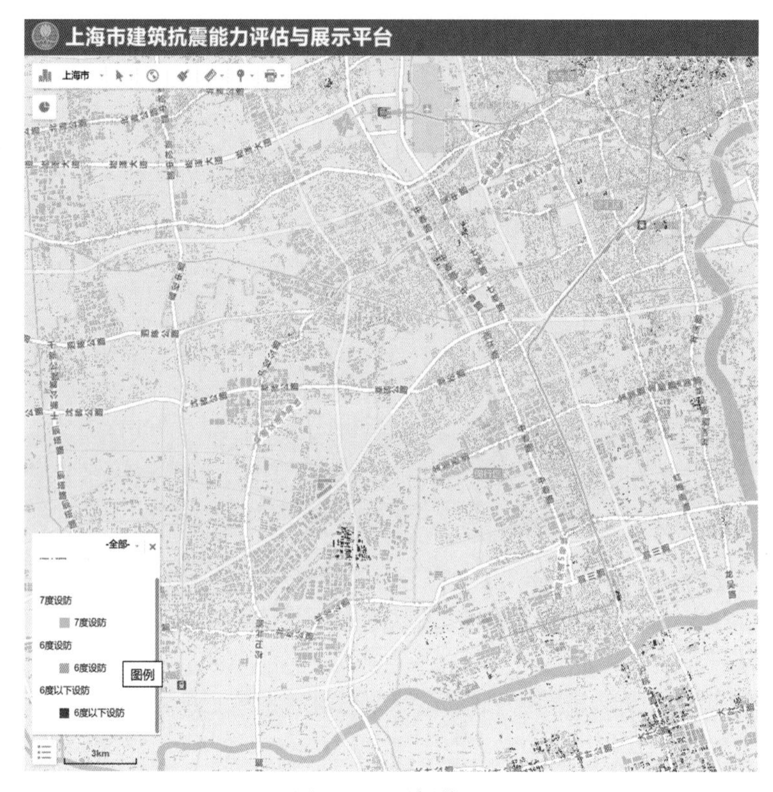


图 8－8　图例管理

## 8.2.7　地图书签

可对工作区间创建书签，进行快速定位，如图 8－9 所示。

图 8－9　地图书签

（1）书签添加：新增书签信息。

（2）书签管理：支持显示书签列表、书签排序、定位、删除。

### 8.2.8　地图标记

地图标记包括添加标记和管理标记，分别如图 8－10 和图 8－11 所示。

（1）标记添加：支持点标记、线标记、面标记、圆标记、手绘线标记、手绘面标记、文字标记等。

（2）标记管理：支持显示标记列表、修改标记样式，支持标记内容查询、显示、隐藏、排序及保存。

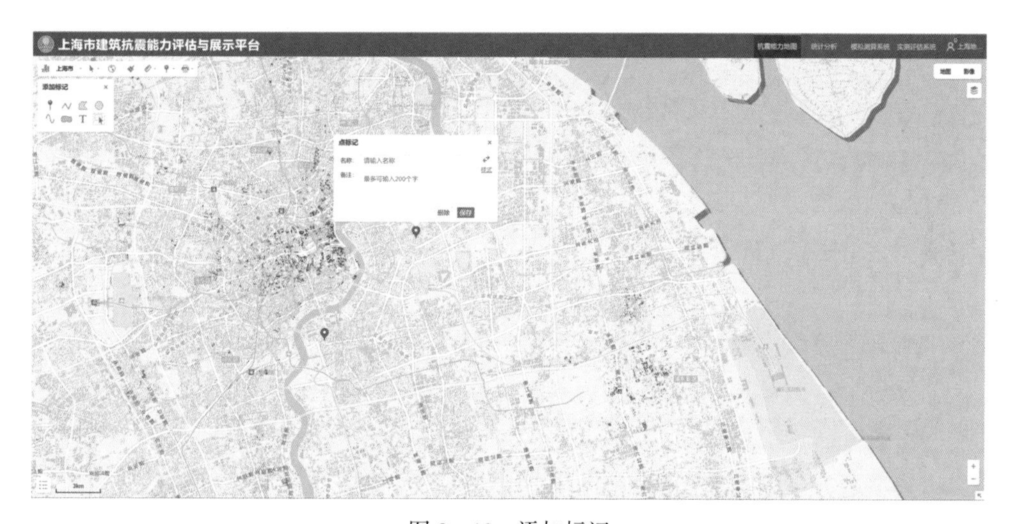


图 8－10　添加标记

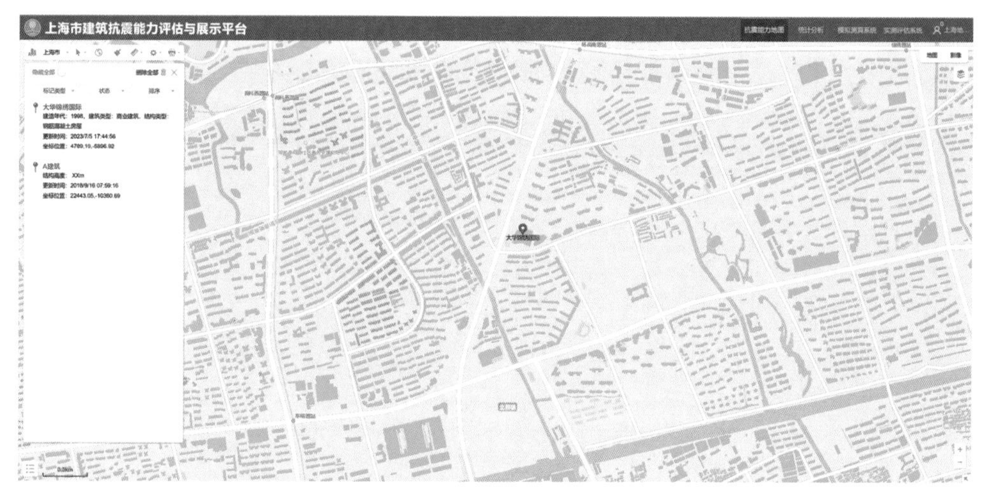


图 8－11　标记管理

### 8.2.9 多屏对比

各种数据类型或者不同标准的数据在多窗口中对比查看，如图 8 – 12 展示了不同抗震设防水平和不同抗震能力现状的对比查看。

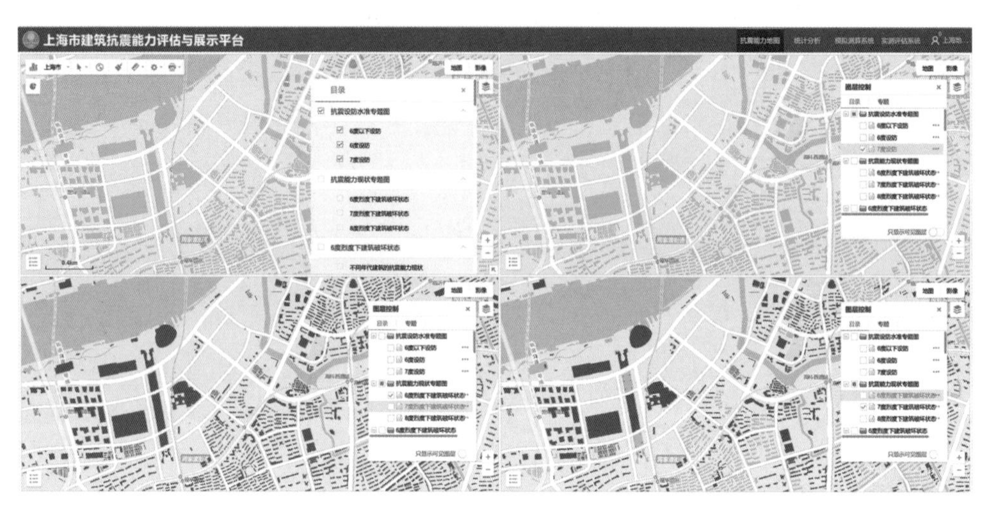


图 8 – 12　不同抗震设防水平和不同抗震能力对比查看

### 8.2.10 卷帘查看

通过鼠标实现对影像图层的卷帘效果，可对上、下、左、右、左上、右上、左下、右下八个方向的卷帘操作。如图 8 – 13 所示，图片上半部分显示 6 度和 7 度设防的建筑，下半部分仅显示 7 度设防的建筑，上下拉动卷帘可以调节显示不同抗震设防水平的显示范围。

图 8 – 13　卷帘操作

## 8.2.11　地图量测

距离测量：支持连续测量、起始节点的动态提示以及固定距离录入，如图 8－14 所示。

面积测量：支持自定义范围的周长、面积测量。

坐标测量：支持自定义节点的坐标信息展示。

图 8－14　距离测量

## 8.2.12　地图打印

系统平台能为用户提供操作方便的图纸打印工具，支持多种黑白或彩色打印机、绘图仪等大幅面输出，如图 8－15 所示。

（1）支持单幅按比例、按范围打印预览和成图。

（2）支持按所需图层、范围、比例要求输出。

（3）支持自定义打印布局、标题、纸张、方向、打印比例以及分幅打印等高级选项。

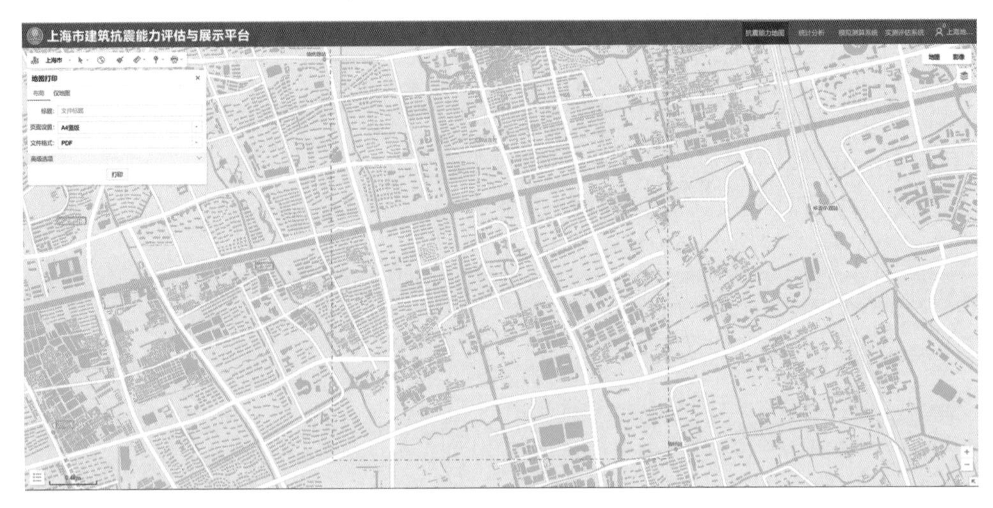


图 8 - 15　地图打印

## 8. 2. 13　鹰眼查看

提供地图鹰眼索引功能，显示地图的全景图，如图 8 - 16 所示，右下角灰色阴影方框标记出当前用户窗口显示地图对应方位与上海市的相对位置，方便全图导航定位。

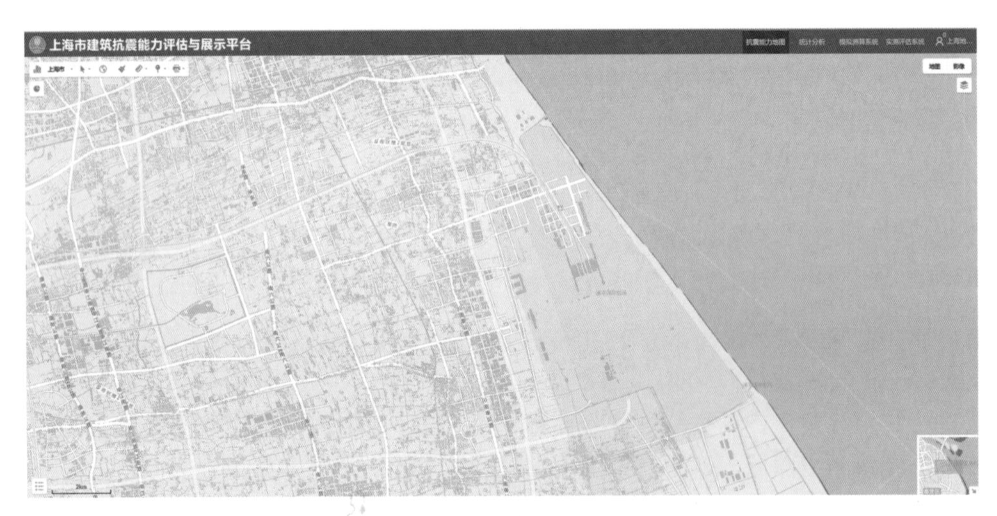


图 8 - 16　鹰眼查看

## 8. 2. 14　高级分析服务

系统平台提供叠加分析与缓冲分析等多种空间分析能力。

## 8.3　数据管理功能设计

### 8.3.1　功能概述

平台提供数据管理功能，对建筑图形数据和属性信息数据进行数据导入、数据导出、数据浏览、数据查询、数据编辑、统计报表等操作。

### 8.3.2　数据导入

平台实现对普查成果检查合格后的数据导入系统数据库的功能。录入的信息包括图形信息和属性信息。导入调查的地震地质资料图件和建筑空间位置数据、图形数据、建筑名称、地址、建筑建造年代、结构类型、建筑高度、层数、面积、建筑功能等属性信息。

### 8.3.3　数据导出

平台提供对数据的导出，导出格式支持主流平台应用的格式。用户根据权限，选择要输出的数据，可以单个导出，也可以批量导出。

### 8.3.4　数据浏览

数据浏览功能提供列表查看和地图浏览两种方式，列表方式详细展示各条数据属性内容，地图浏览方式展示数据的地理位置数据，点击图上数据点，可弹出相关属性信息。如图 8－17 所示，左侧是列表查看，右侧是地图浏览。

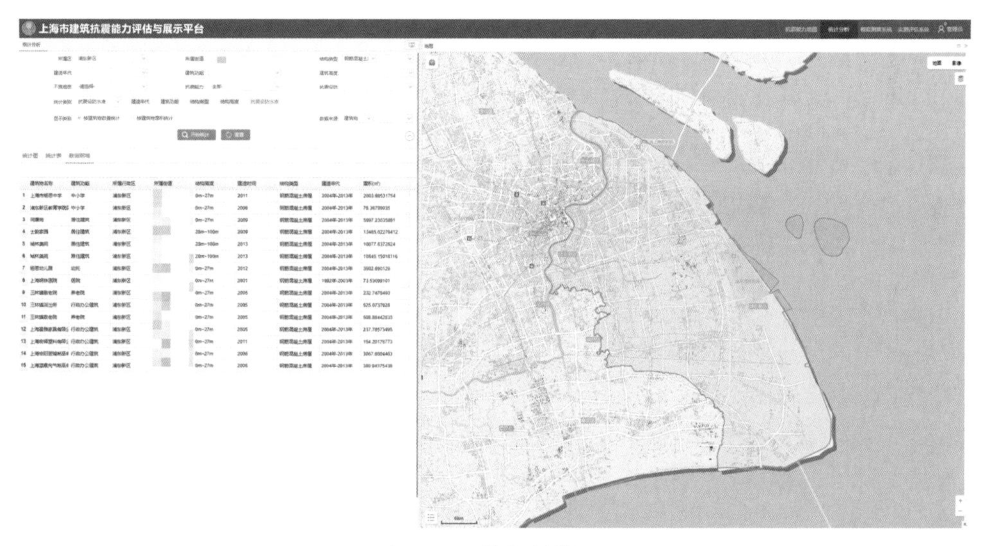


图 8－17　数据浏览界面

### 8.3.5　数据查询

数据查询主要包括建筑查询、街道查询以及具有针对性的组合查询和模糊查询。

组合查询根据建筑 ID 码、建筑名称、建筑年代、建筑层数、建筑地址等属性字段进行条件组合，查询所需内容。如可以查询浦东新区陆家嘴街道 100m 以上超高层建筑的数量及分布等。

模糊查询通过输入查询的关键字，系统将把与关键字匹配的建筑以列表的展示出来，并在地图上展示查询到的建筑地理位置。

街道查询通过选择街道的名称，设置缓冲半径，查询街道缓冲半径周边建筑的概况信息，包括建筑总栋数、总面积、功能、各年代建筑的分布、结构类型等。

### 8.3.6　数据编辑

平台提供对录入的数据编辑功能。

界面编辑：按录入标记编辑界线范围，如增加、删除、修改、划分子区等；对于同一单位或小区内部有不同建筑年代或用途的，需要划分子区。

建筑编辑：按录入标记编辑建筑，如增加、删除、修改建筑等。

### 8.3.7　统计图表

平台提供对建筑各类信息按类别进行统计分析，并对统计结果实现报表输出等。图表格式可按平台提供的模版，也可自定义格式。统计内容可落图展示，直观了解统计结果的地图分布。图 8－18 展示了抗震设防水平统计图。

图 8－18　统计图表

# 8.4　展示分析功能设计

## 8.4.1　功能概述

展示分析模块实现在地图上对上海市建筑信息浏览查看、抗震设防水平、抗震能力现状的综合查询、区域查看、统计分析以及专题成果浏览查看和输出打印等功能。

## 8.4.2　建筑信息浏览查看

实现上海市建筑落图展示、浏览查看，可按单点或图层进行查看。

按单点查看建筑基础信息，即点击任一建筑点，可弹出对应的属性信息，内容记录建筑名称、区域、街道、结构类型、建造年代、功能、高度、层数、面积、和加固改造情况等。平台可对落图展示的建筑数据点按需设置不同的符号和颜色进行展示，用户可根据颜色和符号直观查看不同类别的建筑分布情况，如图 8 - 19 所示。

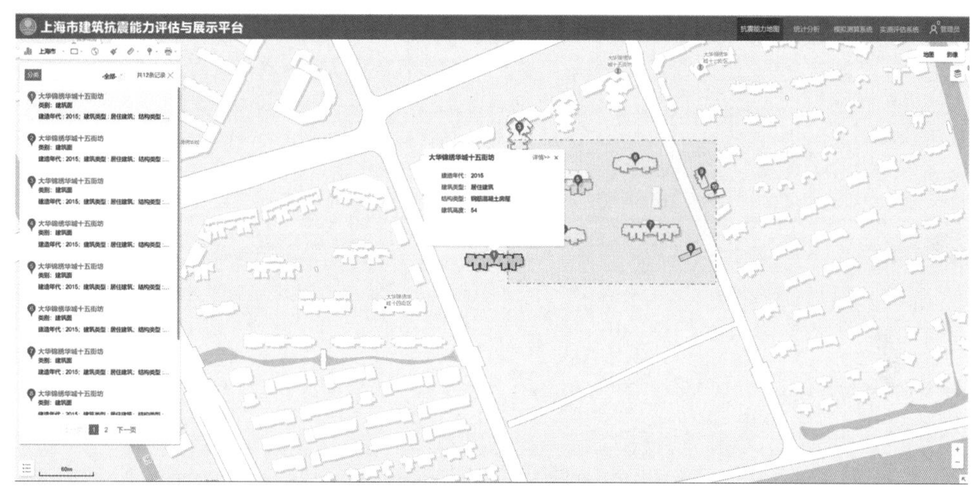


图 8 - 19　建筑基础信息浏览查看

按图层查看展示不同类别建筑抗震能力及其分布，图层分类设置如下：

按建造年代展示图层：以近四代地震烈度区划图实施时间（1977 年实施第二代地震烈度区划图，1992 年实施第三代地震烈度区划图，2001 年实施第四代地震动参数区划图，2015 年实施第五代地震动参数区划图）和相应抗震设计规范（DGJ 08-9—92、DGJ 08-9—2003、DGJ 08-9—2013）制修订时间划分年代，展现不同年代建造建筑的抗震能力及其分布。主要分为 1977 年以前、1978～1991 年、1992～2003 年、2004～2013 年、2014 年后五个年代区间。

按建筑功能展示图层：以功能区分，分为居住建筑（细分出农居和石库门两小类）、行政办公建筑、商业建筑、中小学、大学院校、医院、养老院、工业建筑、大型场馆等，展现不同功能类型建筑的抗震能力及其区域分布。

按结构类型展示图层：以结构类型区分，分为多层砌体、钢筋混凝土、超高层大型建筑、老旧民房、单层工业厂房和单层空旷房屋等，展现不同结构类型建筑的抗震能力及其区域分布。

按建筑高度展示图层：以建筑高度，分为 0～27、28～100、101～150、150～300、300～500、500m 以上，展现不同高度建筑的抗震能力及其区域分布。

按不良地震地质场地：按断层、液化软弱地基两大类，分别展示每类不良地震地质场地上建筑的抗震能力及其区域分布。

### 8.4.3　抗震设防水平综合查询

可通过空间查询、属性查询、单图层查询、组合图层查询等多种查询方式，对上海市建筑抗震设防水平进行综合查询。

上海市建筑抗震设防水平展示：逐栋展示上海市范围内建筑 6 度以下设防、6 度设防、7 度设防三个不同抗震设防水平的时空分布情况，分别用红色、橙色、绿色分类、分色、块分图层展示，如图 8－20。

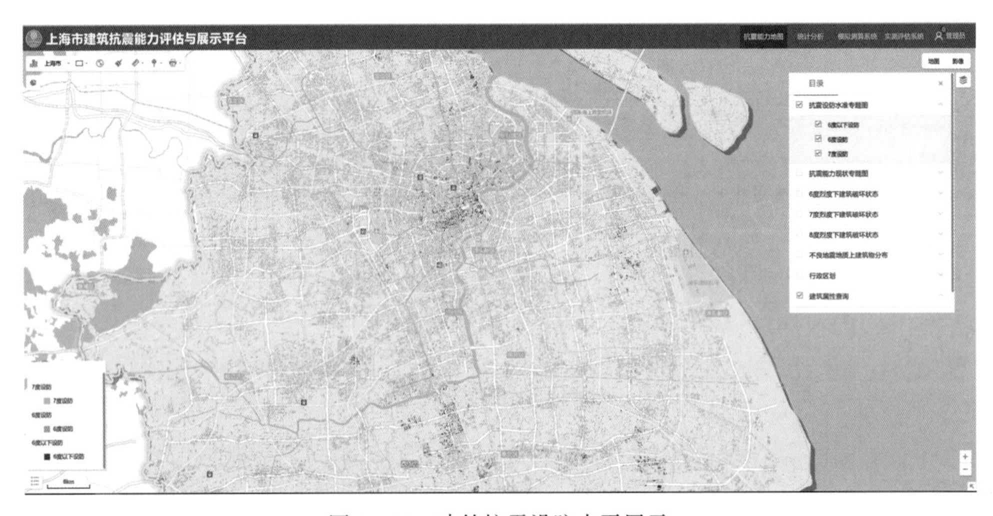


图 8－20　建筑抗震设防水平展示

### 8.4.4　抗震能力现状综合查询

平台提供空间查询、属性查询、单图层查询、组合图层查询等多种查询方式，对上海市建筑抗震能力现状进行综合查询。

上海市建筑抗震能力现状整体展示：分别显示每栋建筑在地震烈度Ⅵ、Ⅶ、Ⅷ度下的破坏状态及其时空分布情况，分为基本完好、轻微破坏、中等破坏、严重破坏、毁坏五种破坏状态，分别用蓝色、绿色、黄色、橙色、红色分类、分色块、分图层展示，如图 8－21。

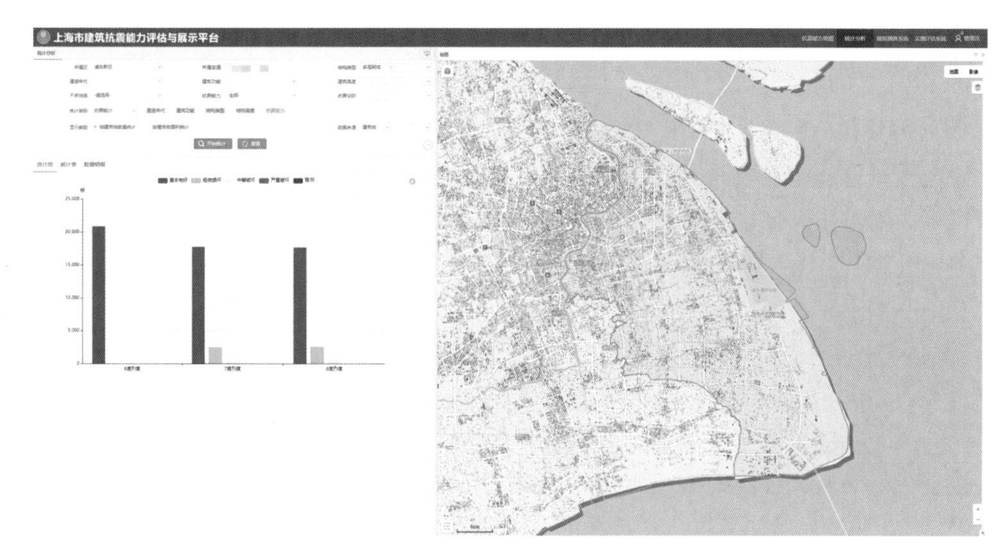


图 8－21　建筑抗震能力现状展示

## 8.4.5　专题成果浏览查看

平台对专题图、模拟测算、实测评估等统计分析结果提供专题成果浏览查看功能，查看各类统计类别的建筑抗震能力情况。平台可设置展示效果，如更改不同图表的符号、颜色、尺寸以及统计显示样式等。

## 8.4.6　专题制图输出打印

提供各类数据的专题图制图功能，提供面向行业的标准分幅地形图的制图整饰，能够自动根据已经入库的元数据信息生成图幅，支持注记、点、线、面、圆、椭圆、矩形等元素信息的增加、删除、修改，支持地图的打印，以及在不损失精度的情况下输出 TIF、BMP、JPEG、PDF 等格式，支持从要素转换到元素的转换以实现在出图过程中地图的编辑（数据库中的数据不能为了出图而编辑）。支持符号库以及 style 文件的管理功能，支持地图制图模板管理功能。也可以按照一定的矩形范围制作复合专题图。生成的地图可以保存为 MXD 格式的文件，供下次使用或被 ArcMAP 使用，支持图件打印输出等。

**1. 制图整饰**

提供能满足标准分幅地图及其他专题图的制作时图外整饰的功能，其中包括坐标网、比例尺、边框、图名、图例、内外图廓、十字丝、四角坐标、指北针、坐标系等。

（1）坐标网：可以设置显示方式、颜色、刻度、文字、标注方式等。

（2）比例尺：提供地图比例尺绘制功能，并可修改其显示模式、比例长度、个数、文本系数等参数。

（3）图例：根据系统弹出的图例向导逐步制作图例，如果生成的图例不满足要求，可做出适当调整进行修改。

（4）边框：可以对边框的表现形式、颜色等属性进行设置。

（5）指北针：提供不同风格的指北针样式。

除此之外，系统支持对图外整饰元素的编辑及图外整饰模板定制功能。

**2. 符号库管理**

主要包括符号的编辑与入库，包括点符号、线符号、面符号、注记符号等。系统符号库不仅提供按照国家相关标准制定的分类符号，而且支持用户自定义符号并可入库保存。方便用户编辑、维护和修改已有符号。对原有符号的编辑包括背景色、边框、颜色、角度等。

**3. 制图模板管理**

1）模板制作

系统支持地图模板的定制设计，本系统平台中地图模板采用参数配置方式实现。首先设置主图图廓的相关配置信息，如内外图廓符号、格网绘制符号左下角坐标要求等基本信息。这些信息定义好之后系统将根据配置信息动态在模板设计视图上生成地图模板图廓样式，用户还可以修改相关的参数配置。

2）模板库管理

模板库管理功能用于对模板的管理和维护，主要包括制图模板的创建、删除、编辑、导入、导出、查找等功能。系统采用树状层次结构进行模板的分类组织和管理，在树状视图上进行模板管理和维护操作。

3）模板应用

模板应用是将制图模板和实际要进行制图输出数据进行叠合的一个操作过程，系统采用导向方式实现模板和地图数据的套合叠加，自动调整和计算输出页面大小以及输出数据的范围。

## 8.5　统计分析功能设计

统计分析是收集并分析数据，识别数据模式和趋势的过程。可以对研究内容进行解释、开发数据模型、规划调查和研究内容等。统计分析方法依托于信息技术，其科学、准确的运算方式有效提高了工作效率，统计分析技术能实现信息数据的有效整合，实现对信息数据的科学整理、分析和利用，继而为项目研究做出正确决策提供科学的理论依据。统计分析包含的内容很多，如描述性统计分析、推断性统计分析、预测性统计分析等。本项目主要采用描述性统计分析，即收集、解释、分析和总结数据，以图表的形式呈现，使数据更容易解读，为防震减灾、提升城市抗震韧性提供数据支撑。

统计分析功能模块关联建筑基础信息数据库、抗震能力地图信息和测算评估系统承载计算的数据，提供对建筑基础信息、抗震设防水平和抗震能力现状等的综合统计分析功能。可以根据建筑所属的区县街道、建造年代、功能、结构类型、高度、不良地震地质等分类对建筑进行筛选统计分析，得出上海市及各区建筑按设定的分类字段进行统计分析的结果，查看不同统计类别下，建筑抗震设防水平和抗震能力现状区域分布情况、建筑数量占比和面积占比情况等。数据筛选支持多条件组合查询，统计结果可对统计图、统计表和统计数据切换进行展示，如图 8 – 22 所示。

图 8－22　统计分析查询条件

【数据筛选】下拉选择建筑所属的区、街道、建造年代、建筑功能、结构类型、建筑高度、抗震设防水平、抗震能力现状等属性。

【统计类别】点击选择用于生成统计图表的字段类别。

【显示类别】点击选择按建筑数量/面积进行统计。

## 8.6　系统管理功能设计

### 8.6.1　用户管理

#### 1. 用户管理

用户管理组件可以提供统一的方式来定义门户系统中的人员信息和人员关系、人员与组织关系。通过人员组织管理的实现，为系统平台提供统一的视图和服务，方便系统平台中人员之间业务流转的定义和控制。

用户管理对系统平台中的用户进行集中管理，用户信息的基本要素全面详尽，能够满足各种需要，同时支持 CA 等多种认证方式。用户管理可方便灵活地定义人员之间的各种关系，如领导关系、工作代理关系等。

#### 2. 角色管理

角色是一个重要的对象，也可以成为权限集，表示系统中权限一个子集，用于控制用户可以使用的功能集合，赋予用户一个角色表示给用户一定功能的使用权限。角色的分配本身赋予某些用户、员工、机构等之外，还要向角色授予可访问某些功能、模块、表单、视图等资源的权限。拥有某角色的用户可访问角色被授予的资源的权限。一个用户的最终拥有的权限取决于员工以及通过所隶属的组织对象获取到的角色的并集，此外还在员工上设置的特别权限控制。

1）新增角色

在角色管理界面点击“增加”按钮，填入角色的基本信息：角色代码、名称、描述后，完成新增角色。

2）编辑角色

在角色管理界面中选中一条记录后，可通过“编辑”按钮，编辑角色信息。

3）删除角色

在角色管理界面中选中一条记录后，可通过“删除”按钮，删除角色信息。

**3. 用户登记认证**

1）身份认证管理

身份认证管理统一管理用户的账户信息，包括创建、修改、删除账户等操作，进行账户管理，并通过账户管理完成用户身份认证和用户信息查询等功能；也可根据组织机构自身的特点及职能职权的划分，创建各种角色，对其进行定义，为角色分配用户，通过用户的 ID 与角色映射。用户身份认证方式包括静态密码认证、动态短信认证以及单点登录。

2）用户授权管理

实现系统平台用户授权管理（包括数据权限管理、平台操作权限管理）等，提供完善的权限管理，使用者进入系统，系统根据该用户的角色进行授权，获得相关的权限，系统功能、模块、接口根据用户角色自动调整。

### 8. 6. 2 权限管理

对于涉密数据用的应用系统，系统权限管理是非常重要的，将直接涉及系统的安全性、使用的稳定性、系统数据的保密性、系统数据的完整性等各方面的因素。对于本项目应用支撑系统的权限管理控制，严格设计，使系统权限管理控制方便、设计合理、维护方便。

权限管理功能主要维护统一用户管理平台中与权限紧密相关的应用功能、授权、角色、用户四个重要部分。应用功能是统一用户管理平台中权限控制的基础单元，权限的分配与验证都是以功能为单位的，同时功能可以与菜单相关联，一些功能有可操作界面可以作为菜单的执行入口。角色又称为权限集是一组功能的集合，角色可以与统一用户管理平台中的多个对象关联，如：机构、用户从而给不同的用户对系统平台功能的不同访问权限。

### 8. 6. 3 日志管理

系统具有全面的操作日志记录管理，记录并查询用户事件，如系统的登录，数据的修改、更新，运行状态的调整等。可按各种条件对系统操作日志进行查询管理。

**1. 日志自动跟踪**

在系统运行过程中实时记录用户名、所属单位、查询主机 IP 地址、查询条件、查询时间、操作模块，保存系统详细的日志记录。并有相应的存储备份，以便出现事故之后的事后分析。

**2. 日志保存和备份**

保存指定周期的查询日志，查询日志备份至历史查询日志中。特殊情况或突发事件发生时可以查看。

**3. 日志检索**

为系统管理员提供日志检索功能，可按 IP 地址、用户名称、机器名称、字段等条件对日志进行查询、汇总统计等。

**4. 日志打印/导出**

系统能在各业务操作日志的基础上形成业务审计日志，由专人负责对其进行分析，及时发现可疑的行为，并采取控制措施，保证业务系统安全。日志保存在数据库和以文件形式存放在硬盘中，并可输出和打印。

### 8.6.4 配置管理

系统提供核心运行参数和系统功能参数的配置工具。包括数据字典配置工具、图形符号配置工具、系统图形元素显示样式配置工具、空间查询、分析、统计基本参数配置工具等。配置工具采用良好的界面方便用户的操作和使用。

# 第 9 章　上海市建筑抗震能力调查评估平台成果展示

在基于 Oracle 建设的上海市建筑基础信息数据库和抗震能力数据库基础上，本项目以 GIS 软件为平台，进行了上海市建筑抗震能力评估系统和展示分析平台的研发，建设了上海市建筑抗震能力调查评估平台。平台以全上海建筑普查与评估数据库为数据支撑，平台主要功能模块包括抗震能力地图、测算系统、统计分析三大部分。

## 9.1　平台门户

上海市建筑抗震能力调查评估平台门户是了解上海市建筑抗震能力信息的窗口，也是调取数据库的入口，门户系统实现建筑抗震能力相关资源的整合、查找、共享及统一管理。门户通过统一的身份认证，确保平台的安全。通过门户导航，提供平台中相关功能应用的入口，如图 9－1 所示。

图 9－1　系统登录界面

## 9.2　数据库模块

数据库基于 Oracle 建设，包括建筑普查基础信息数据库和建筑抗震能力数据库。由于两个数据库信息量庞大，分类分区较多，下面仅以浦东新区某两个街道范围内的建筑为例，按建造年代、建筑功能、结构类型和建筑高度分类统计、展示相应抗震设防水平数据库。

### 9.2.1　按建造年代统计

建造年代分类，以不同时间节点分区，分为 1977 年之前、1978～1991 年、1992～2003 年、2004～2013 年、2014 年以后，数据库统计不同建造年代下浦东新区某两个街道建筑的抗震设防水平，建筑栋数和面积占比情况如图 9－2 所示。

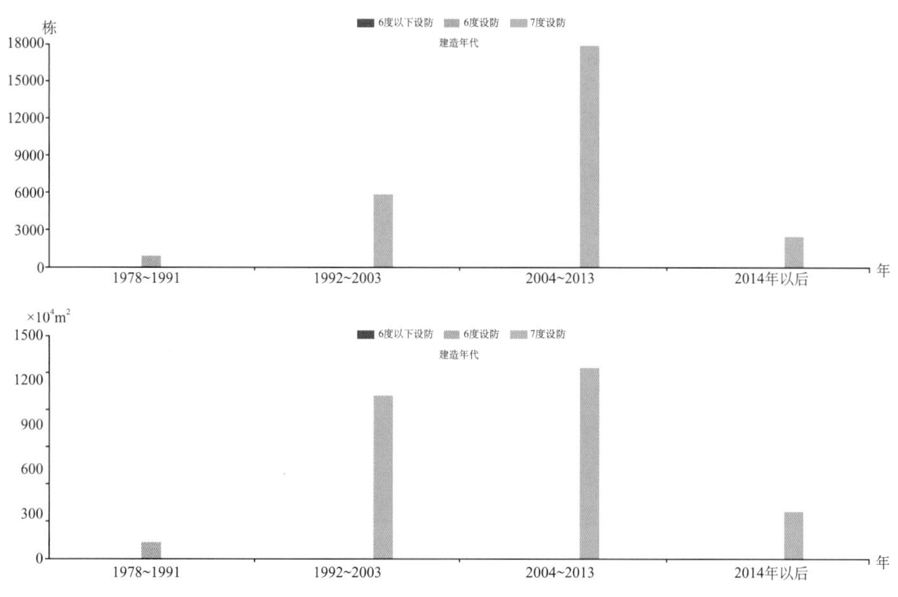


图 9－2　按建造年代分类统计的浦东新区某两个街道建筑抗震设防情况

## 9.2.2　按建筑功能统计

建筑功能分类，以不同建筑功能分区，包括居住建筑（细分出农居和石库门两小类）、行政办公建筑、商业建筑、中小学、大专院校、医院、养老院、工业建筑、大型场馆等，数据库统计不同建筑功能下浦东新区某两个街道建筑的抗震设防水平，建筑栋数和面积占比情况如图 9－3 所示。

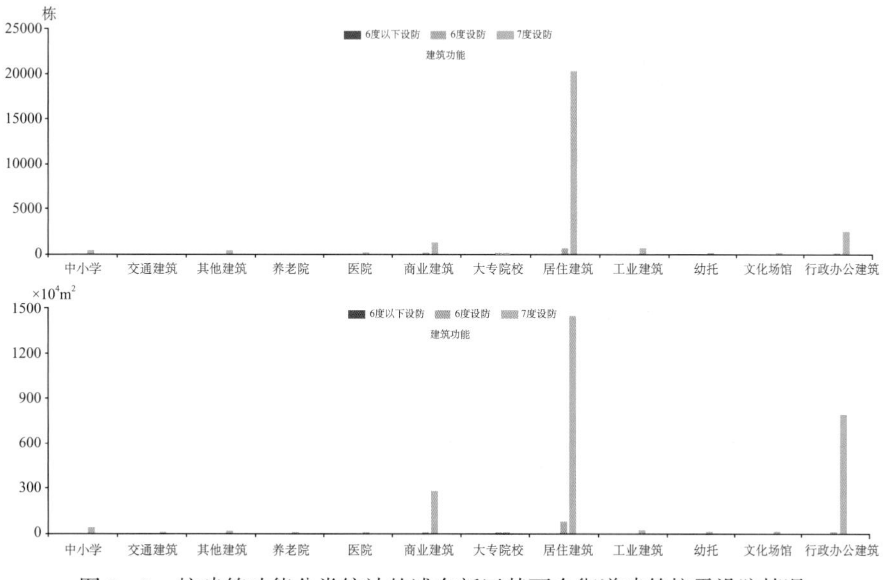


图 9－3　按建筑功能分类统计的浦东新区某两个街道建筑抗震设防情况

### 9.2.3　按结构类型统计

结构类型分类，以不同建筑结构分区，包括多层砌体（老旧房屋、农村自建房屋、石库门、其他多层砌体）、工业厂房（单层钢筋混凝土柱厂房、单层砖柱厂房、钢结构厂房）、单层空旷房屋、钢筋混凝土房屋和超高层大型建筑等，数据库统计不同建筑结构下浦东新区某两个街道建筑的抗震设防水平，建筑栋数和面积占比情况如图 9－4 所示。

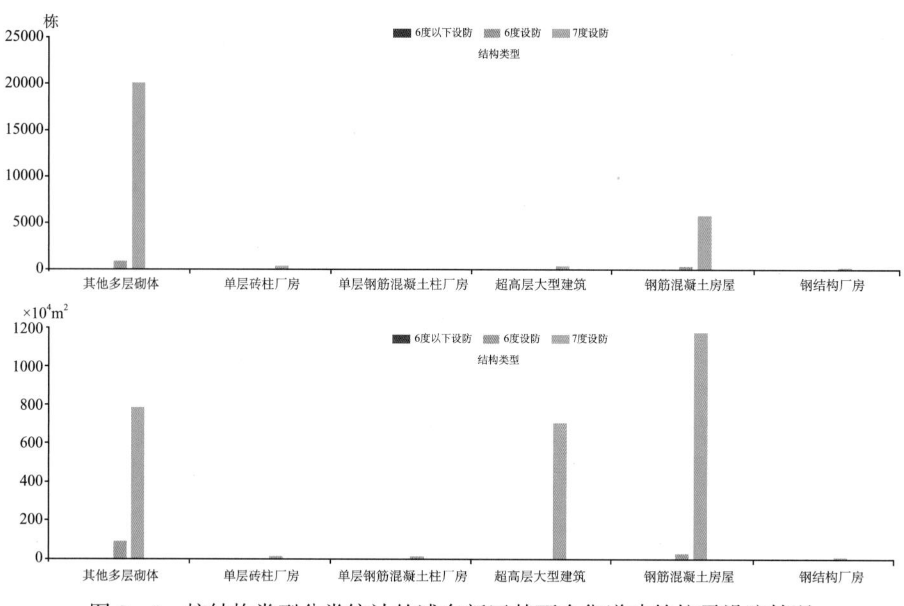


图 9－4　按结构类型分类统计的浦东新区某两个街道建筑抗震设防情况

### 9.2.4　按建筑高度统计

建造高度分类，以不同高度分区，包括 0～27、28～100、101～150、151～300、300～500、500m 以上，数据库统计不同建造高度下浦东新区某两个街道建筑的抗震设防水平，建筑栋数和面积占比情况如图 9－5 所示。

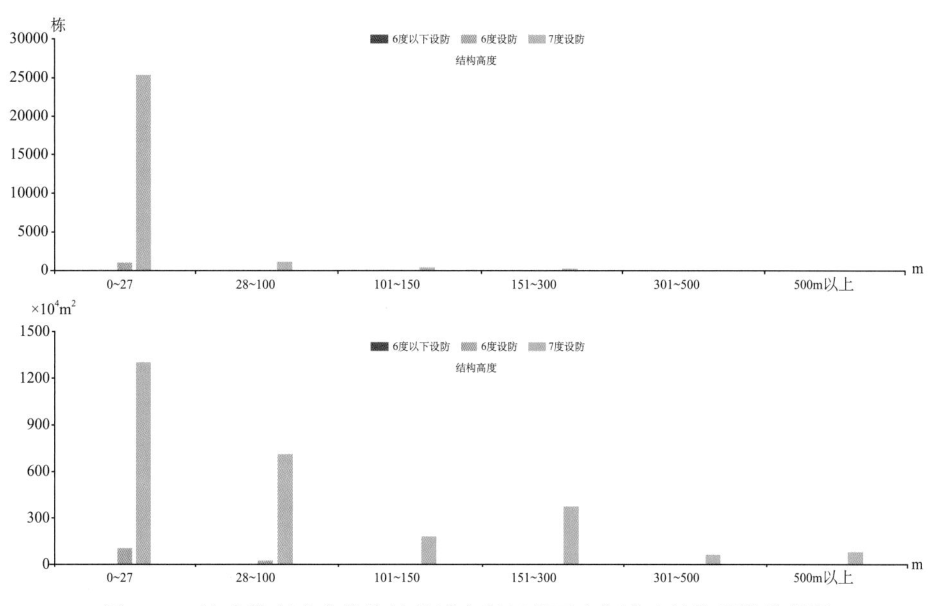


图9－5　按建筑高度分类统计的浦东新区某两个街道建筑抗震设防情况

## 9.3　抗震能力展示地图模块

抗震能力专题地图展示了建筑抗震设防水平和抗震能力现状两部分内容，抗震设防水平专题地图不仅显示了上海市建筑6度以下设防、6度设防和7度设防时空分布，还显示了不良地质影响范围内建筑抗震设防分布情况。抗震能力现状专题地图显示了每栋建筑在不同地震烈度下的破坏状态及时空分布，分别可以按照建造年代、结构类型、建筑功能和建筑高度等分类展示分析，更好地为地震应急、防震减灾提供决策服务。

### 9.3.1　抗震设防水平地图

建筑抗震设防水平专题图，显示每栋建筑的6度以下设防、6度设防、7度设防抗震设防水平及其时空分布，分别用红色、橙色、绿色表示，分类、分色块、分图层展示。上海市建筑抗震设防情况概览如图9－6所示。

主要不良地震地质上建筑抗震设防水平展示地图，分别展示上海市主要液化土层上和隐伏断层影响范围内等不良地震地质上的建筑的抗震设防水平及其分布情况，如图9－7、图9－8所示。

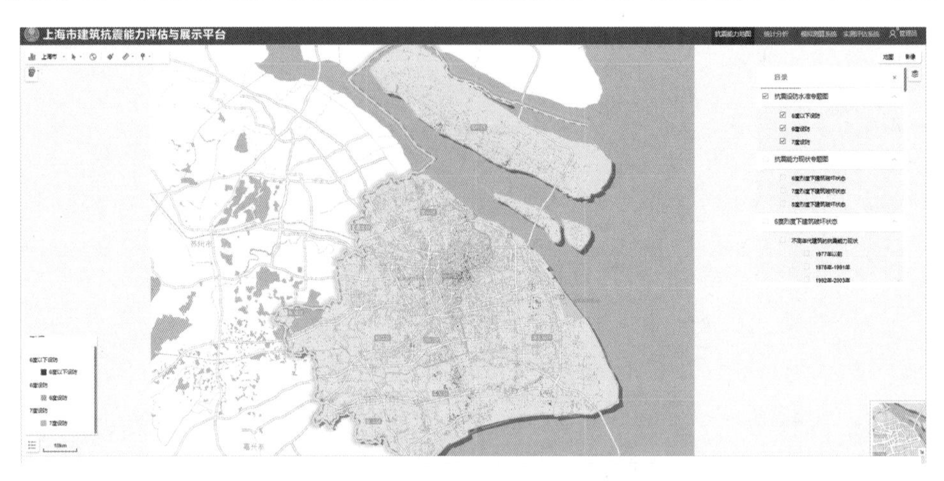


图 9－6　上海市建筑抗震设防情况展示

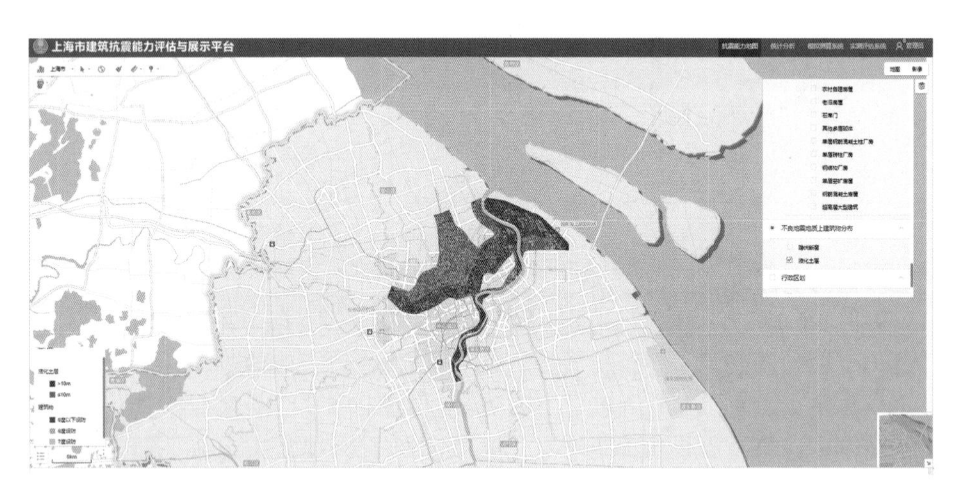


图 9－7　主要液化土层上建筑的抗震设防水平展示

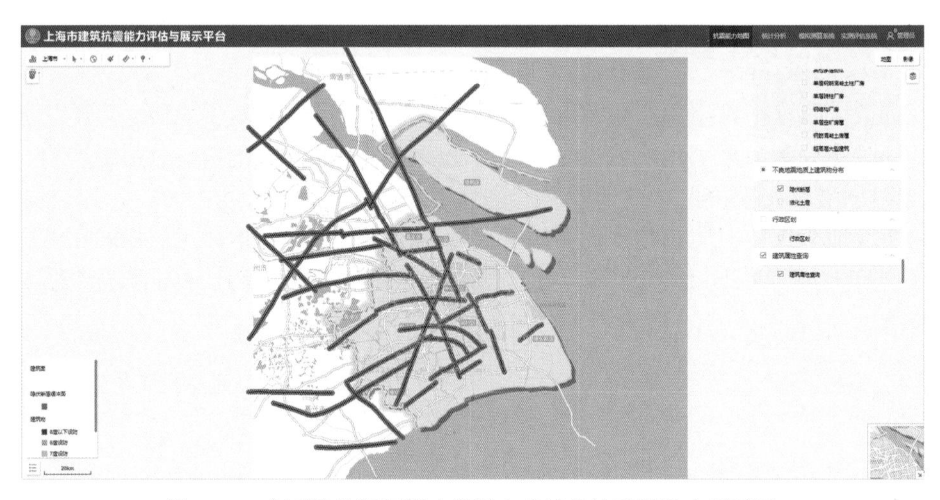


图 9－8　主要隐伏断层影响范围内建筑的抗震设防水平展示

## 9.3.2　抗震能力现状地图

建筑抗震能力现状专题图，显示每栋建筑在地震烈度Ⅵ、Ⅶ、Ⅷ度下的破坏状态及其时空分布，分为基本完好、轻微破坏、中等破坏、严重破坏、毁坏五种破坏状态，分别用蓝色、绿色、黄色、橙色、红色分类、分色块、分图层展示，如图 9－9 至图 9－11 所示。

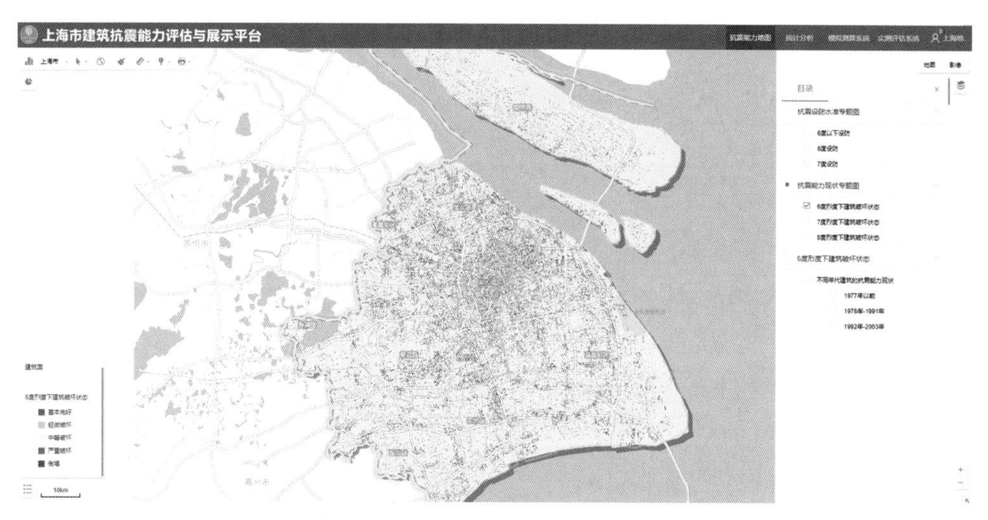


图 9－9　Ⅵ度烈度下上海市建筑的破坏状态展示

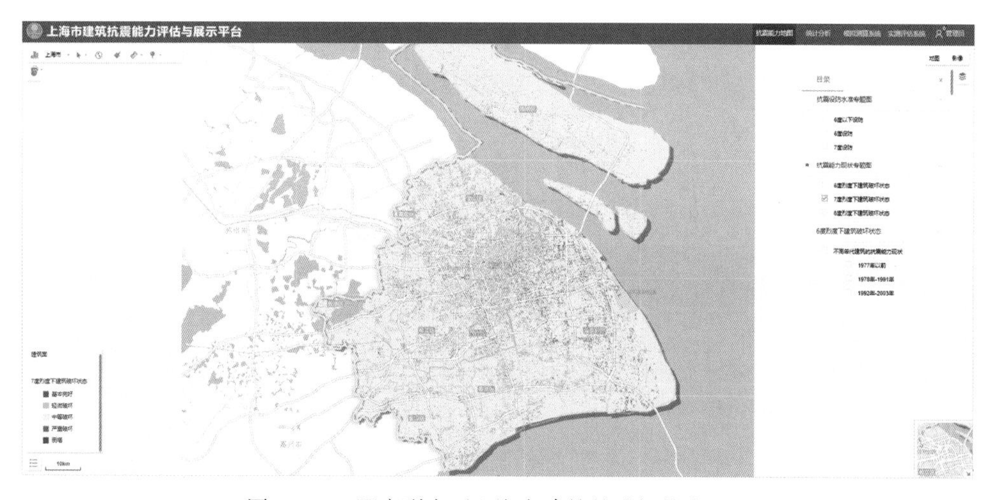


图 9－10　Ⅶ度烈度下上海市建筑的破坏状态展示

图 9－11　Ⅷ度烈度下上海市建筑的破坏状态展示

**1. 按建造年代分析**

按建造年代图层展示，以不同时间节点分区，分为 1977 年之前、1978～1991 年、1992～2003 年、2004～2013 年、2014 年以后，展现不同年代建造建筑在不同烈度下的抗震能力现状及其分布情况。选取上海市部分区域建筑为展示对象，Ⅵ度烈度下不同年代建造建筑破坏状态如图 9－12 至图 9－16 所示，Ⅶ度烈度下不同年代建造建筑破坏状态如图 9－17 至图 9～21 所示。

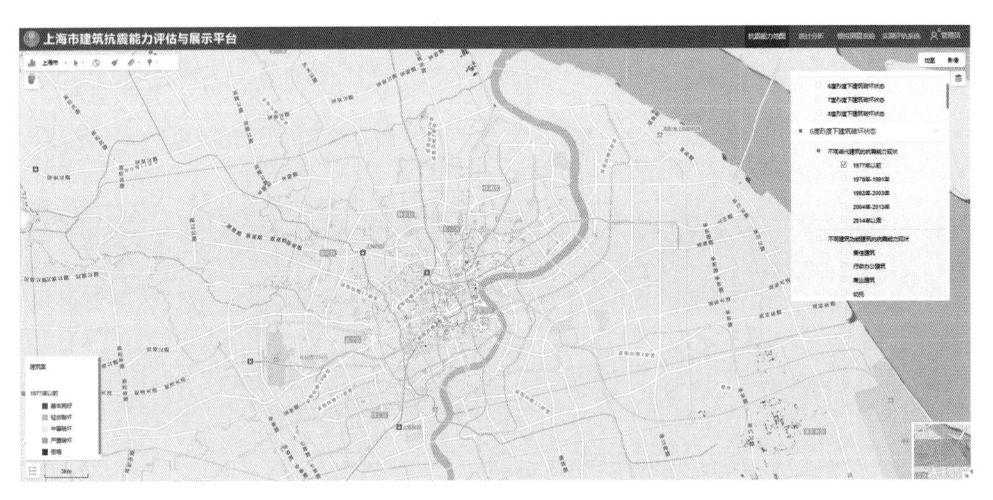


图 9－12　Ⅵ度烈度下 1977 年之前建筑的破坏状态展示

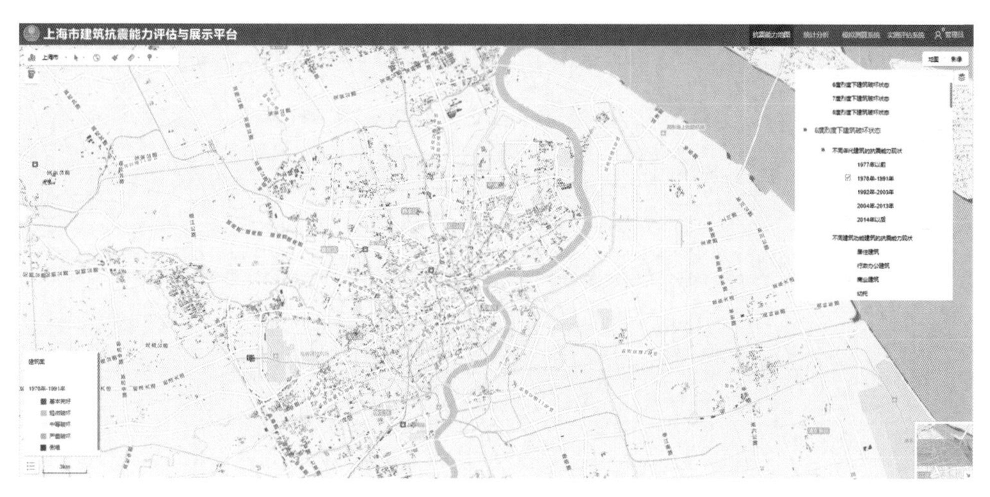


图 9 - 13　Ⅵ度烈度下 1978～1991 年建筑的破坏状态展示

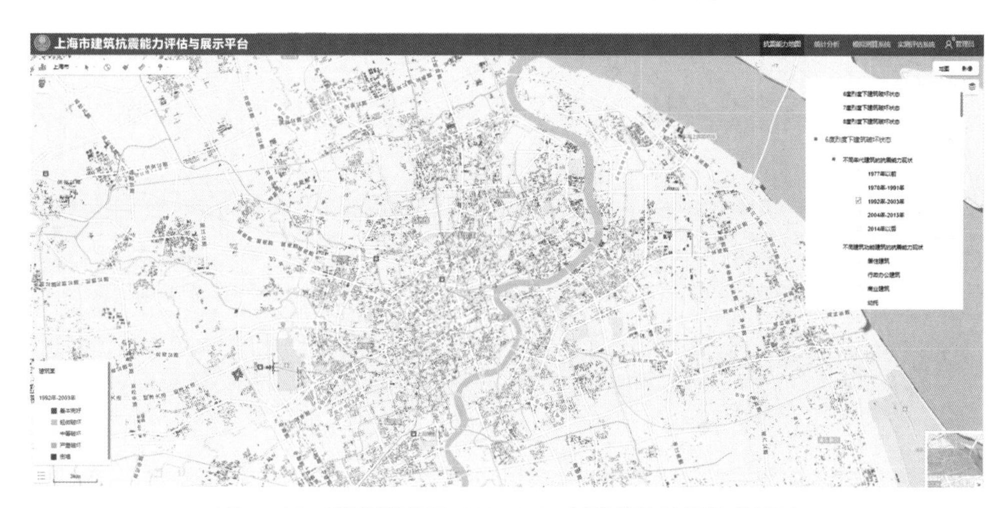


图 9 - 14　Ⅵ度烈度下 1992～2003 年建筑的破坏状态展示

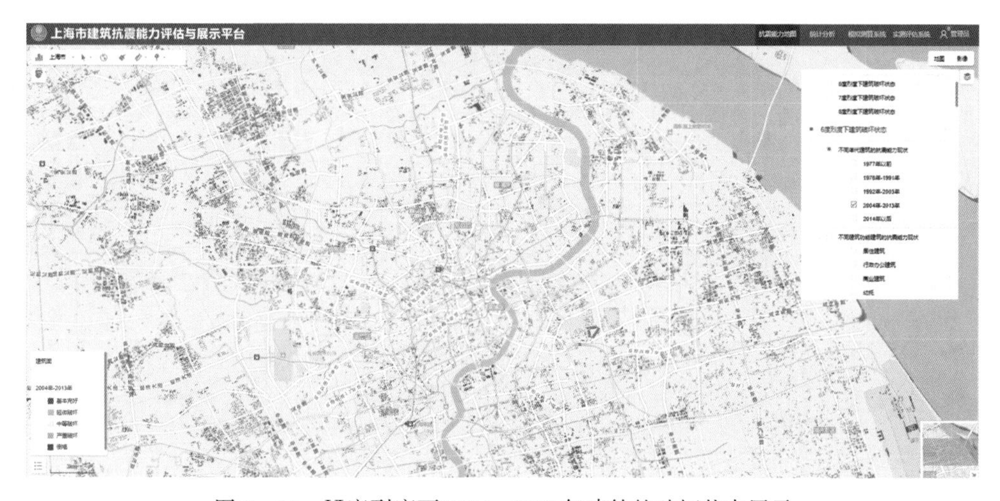


图 9 - 15　Ⅵ度烈度下 2004～2013 年建筑的破坏状态展示

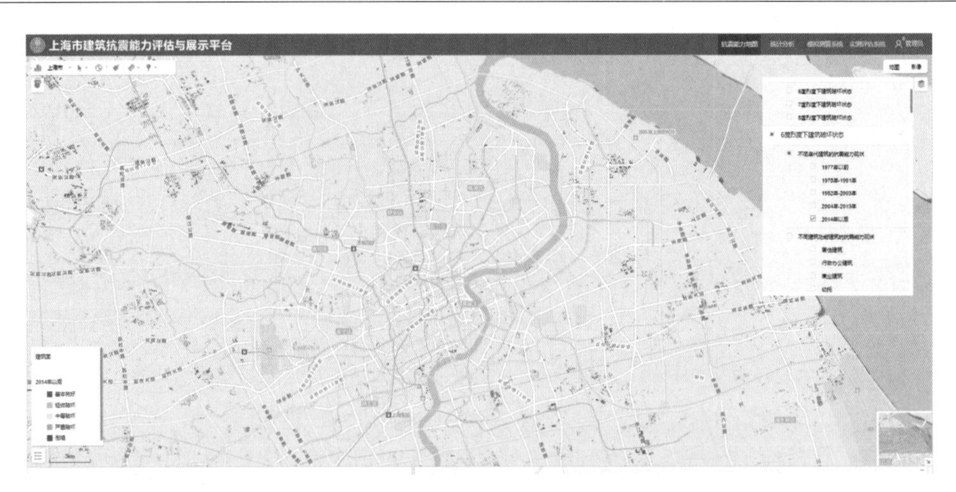


图 9 - 16　Ⅵ度烈度下 2014 年以后建筑的破坏状态展示

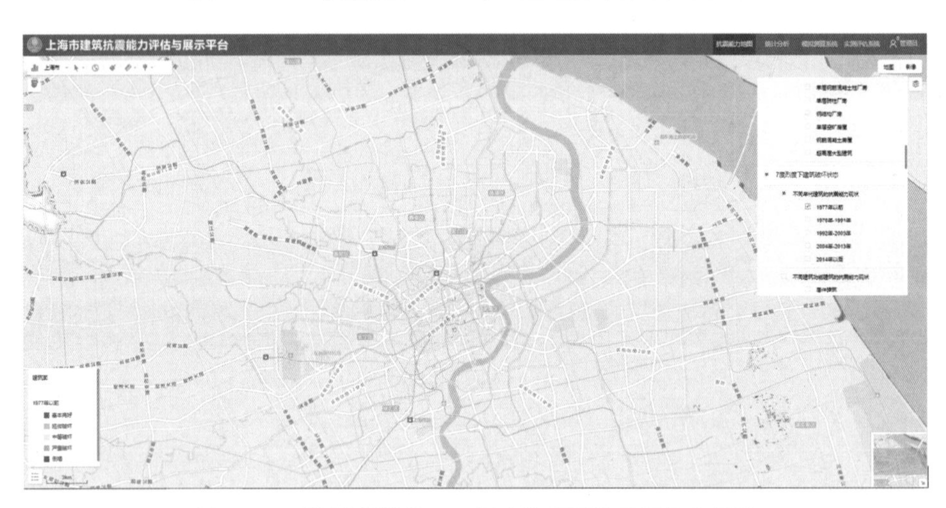


图 9 - 17　Ⅶ度烈度下 1977 年之前建筑的破坏状态展示

图 9 - 18　Ⅶ度烈度下 1978~1991 年建筑的破坏状态展示

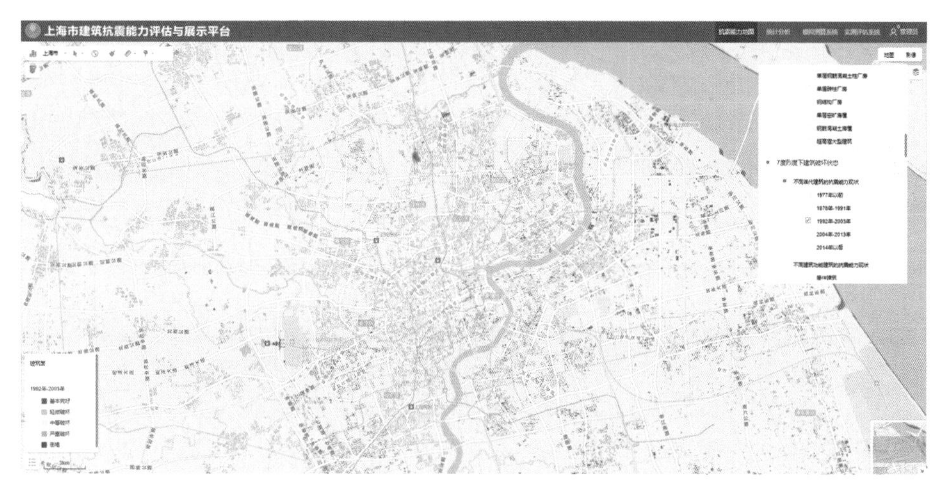


图 9 - 19　Ⅶ度烈度下 1992~2003 年建筑的破坏状态展示

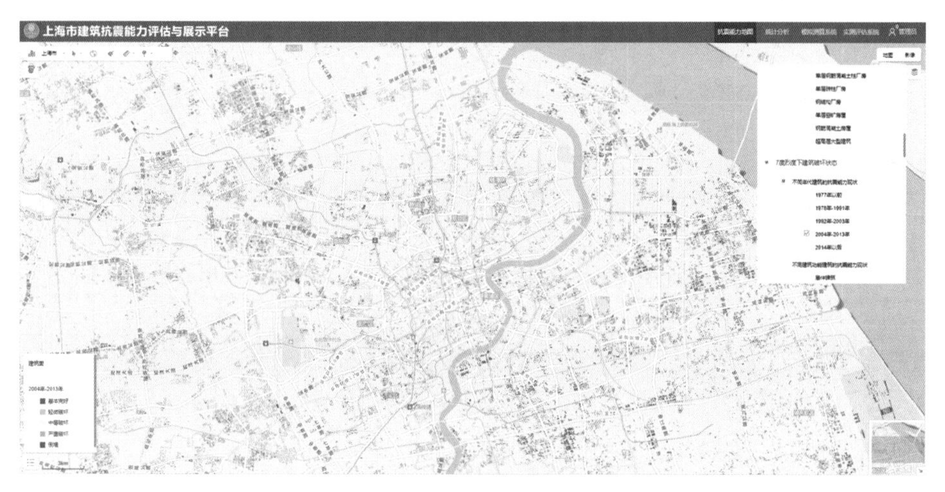


图 9 - 20　Ⅶ度烈度下 2004~2013 年建筑的破坏状态展示

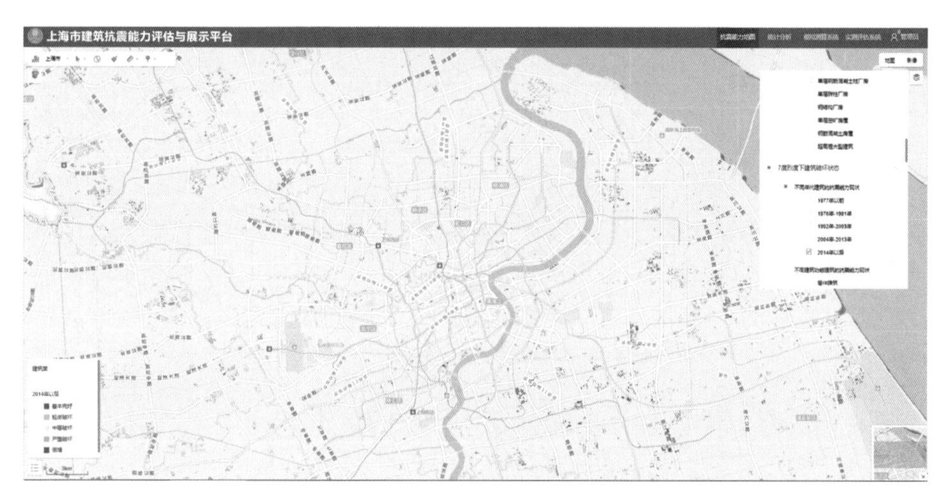


图 9 - 21　Ⅶ度烈度下 2014 年以后建筑的破坏状态展示

**2. 按结构类型分析**

按结构类型图层展示，以结构类型区分，分为多层砌体、单层工业厂房、单层空旷房屋、钢筋混凝土房屋和超高层大型建筑等，展现不同结构类型建筑在不同烈度下的抗震能力现状及其分布情况。选取上海市部分区域建筑为展示对象，Ⅵ度烈度下不同结构类型建筑破坏状态如图 9－22 至图 9－26 所示，Ⅶ度烈度下不同结构类型建筑破坏状态如图 9－27 至图 9－31 所示。

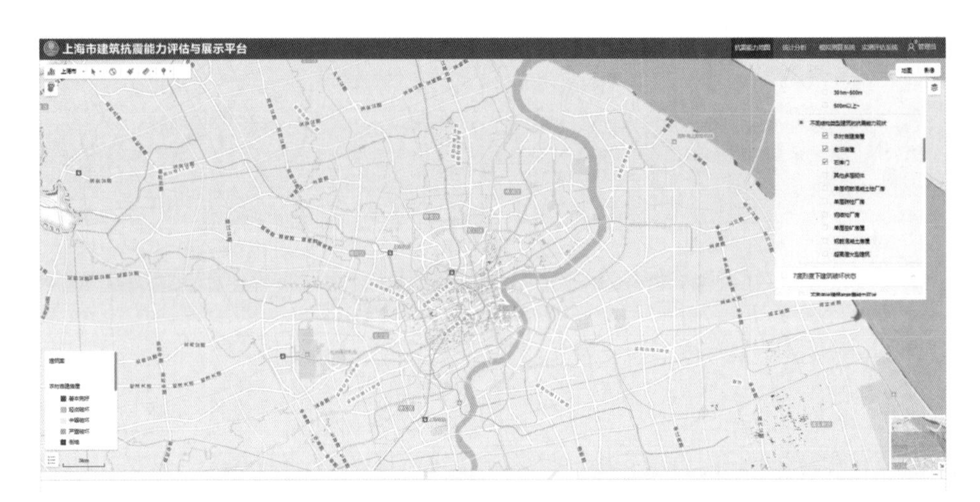


图 9－22　Ⅵ度烈度下农村自建房屋、老旧房屋和石库门的破坏状态展示

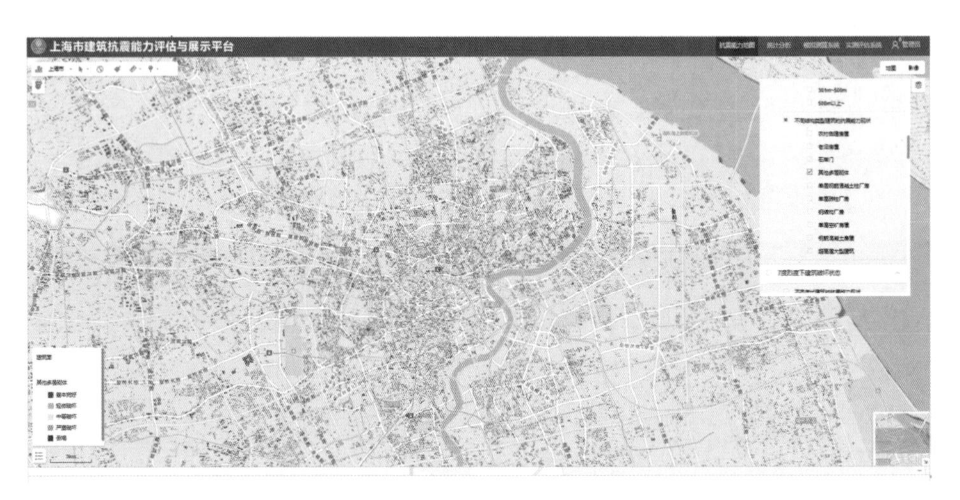


图 9－23　Ⅵ度烈度下其他多层砌体结构建筑破坏状态展示

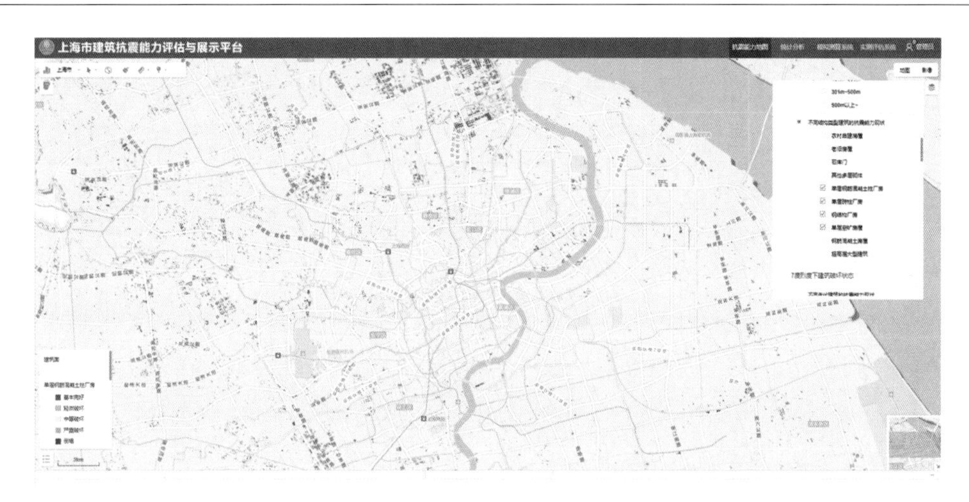


图 9 - 24　Ⅵ度烈度下工业厂房和单层空旷房屋破坏状态展示

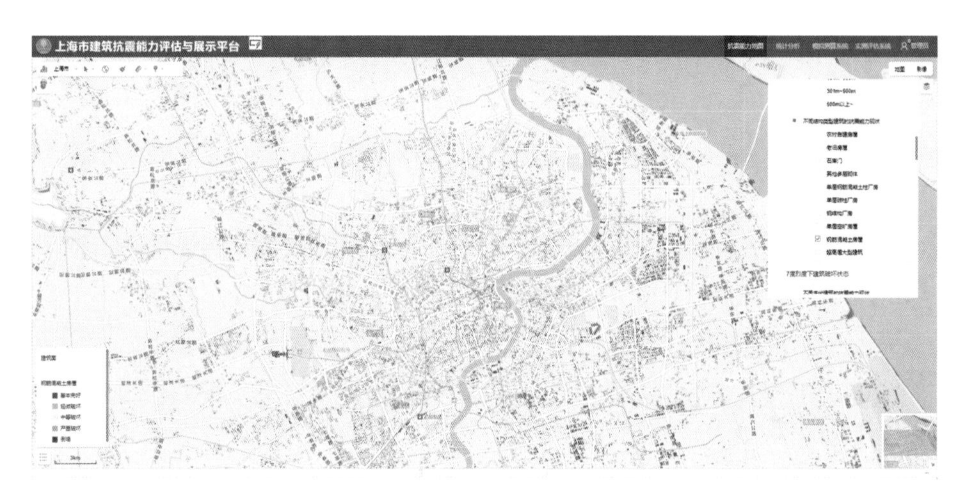


图 9 - 25　Ⅵ度烈度下钢筋混凝土房屋破坏状态展示

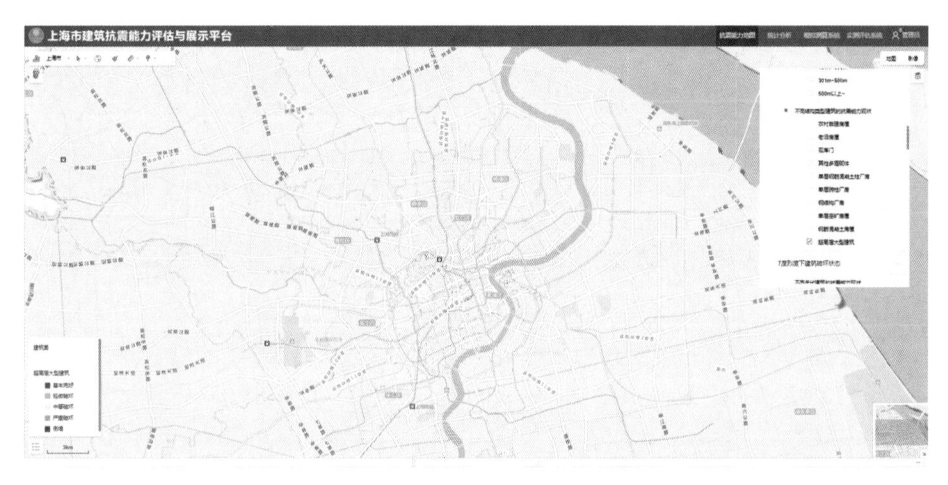


图 9 - 26　Ⅵ度烈度下超高层大型建筑破坏状态展示

图 9－27　Ⅶ度烈度下农村自建房屋、老旧房屋和石库门的破坏状态展示

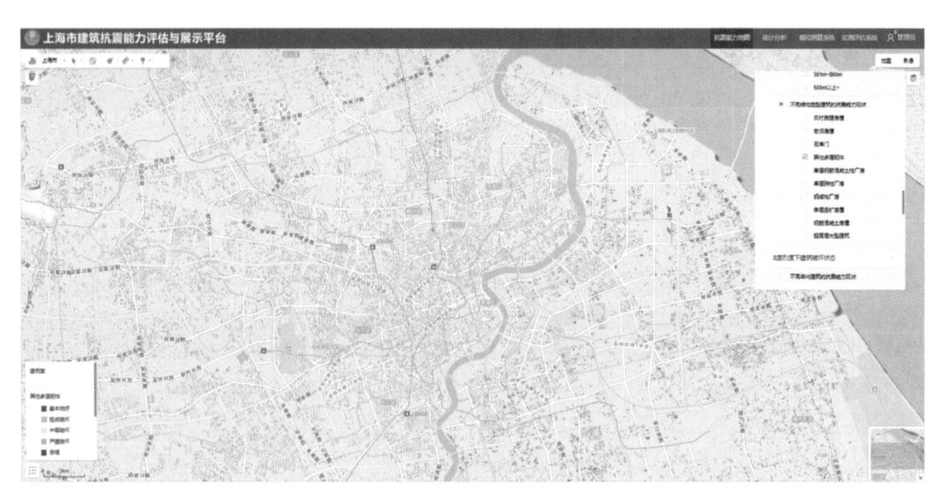


图 9－28　Ⅶ度烈度下其他多层砌体结构建筑破坏状态展示

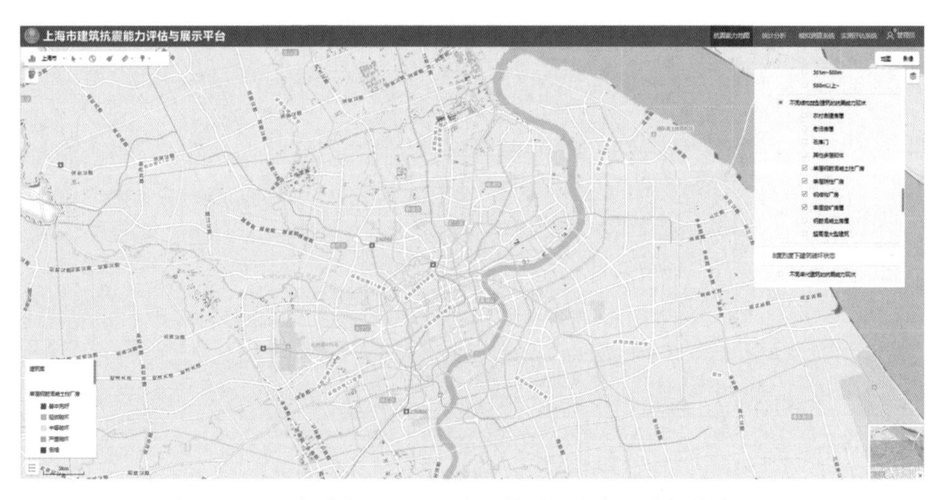


图 9－29　Ⅶ度烈度下工业厂房和单层空旷房屋破坏状态展示

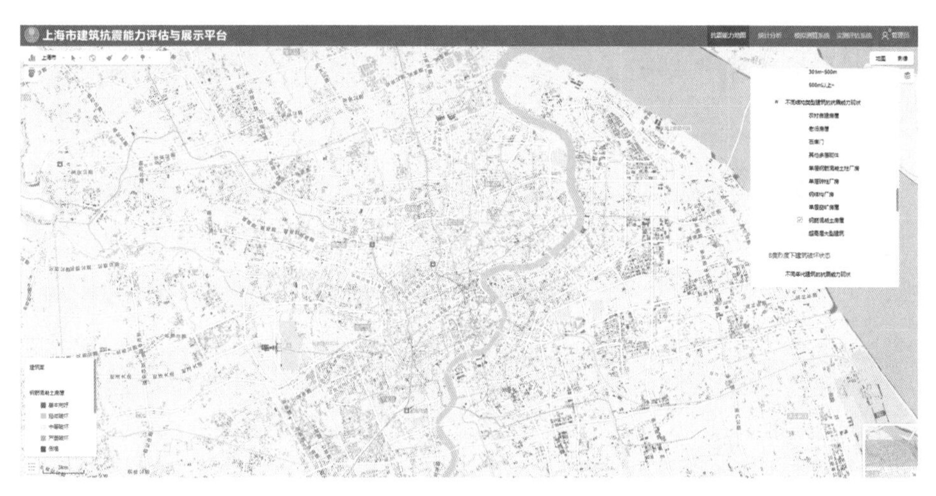


图9-30 Ⅶ度烈度下钢筋混凝土房屋破坏状态展示

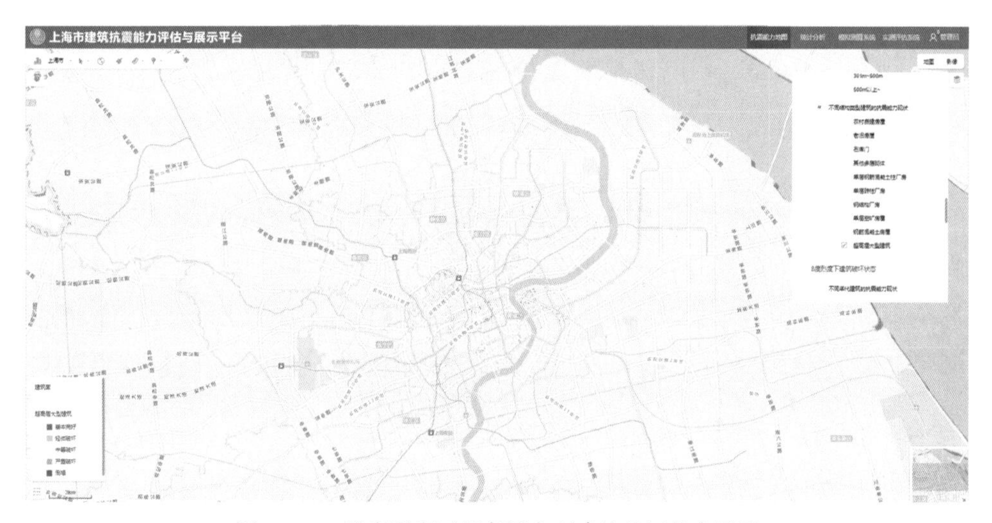


图9-31 Ⅶ度烈度下超高层大型建筑破坏状态展示

**3. 按建筑功能分析**

按建筑功能图层展示，以功能区分，分为居住建筑（细分出农居和石库门两小类）、行政办公建筑、商业建筑、中小学、大专院校、医院、养老院、工业建筑、大型场馆等，展现不同功能建筑在不同烈度下的抗震能力现状及其分布情况。选取上海市部分区域建筑为展示对象，Ⅵ度烈度下不同功能建筑破坏状态如图9-32至图9-37所示，Ⅶ度烈度下不同功能建筑破坏状态如图9-38至图9-43所示。

**4. 按建筑高度分析**

按建筑高度图层展示，以高度区分，分为0~27、28~100、101~150、151~300、301~500、500m以上，展现不同高度建筑在不同烈度下的抗震能力现状及其分布情况。选取上海市部分区域建筑为展示对象，Ⅵ度烈度下不同功能建筑破坏状态如图9-44至图9-46所示，Ⅶ度烈度下不同功能建筑破坏状态如图9-47至图9-49所示。

图 9 - 32　Ⅵ度烈度下居住建筑的破坏状态展示

图 9 - 33　Ⅵ度烈度下行政办公建筑的破坏状态展示

图 9 - 34　Ⅵ度烈度下商业建筑的破坏状态展示

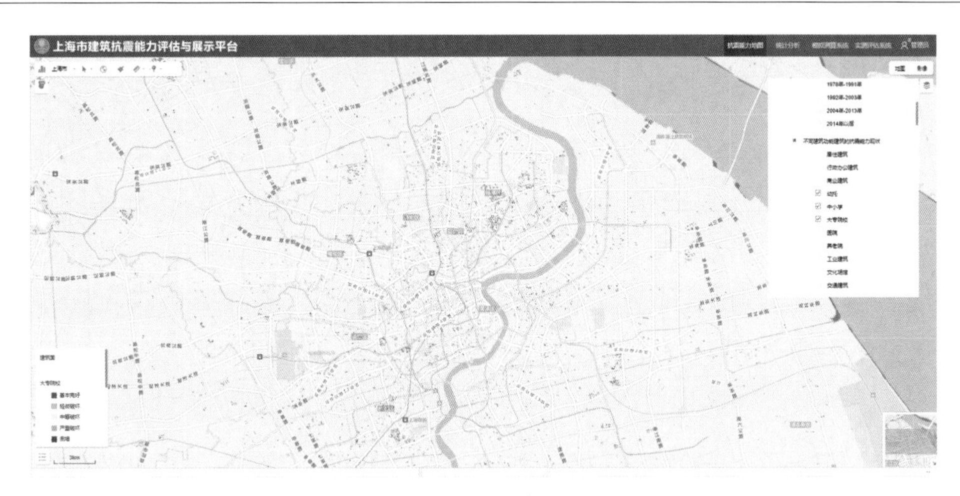


图 9－35　Ⅵ度烈度下学校建筑的破坏状态展示

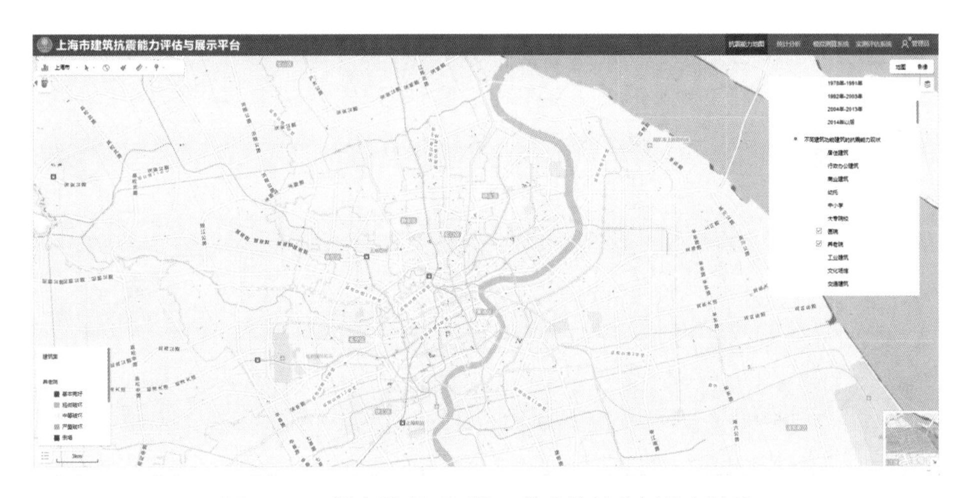


图 9－36　Ⅵ度烈度下医院、养老院的破坏状态展示

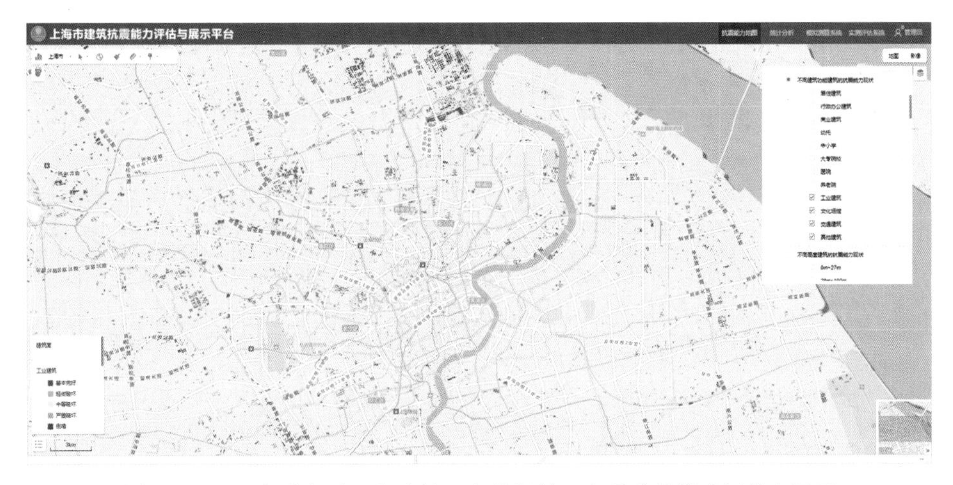


图 9－37　Ⅵ度烈度下工业建筑、文化场馆、交通建筑等破坏状态展示

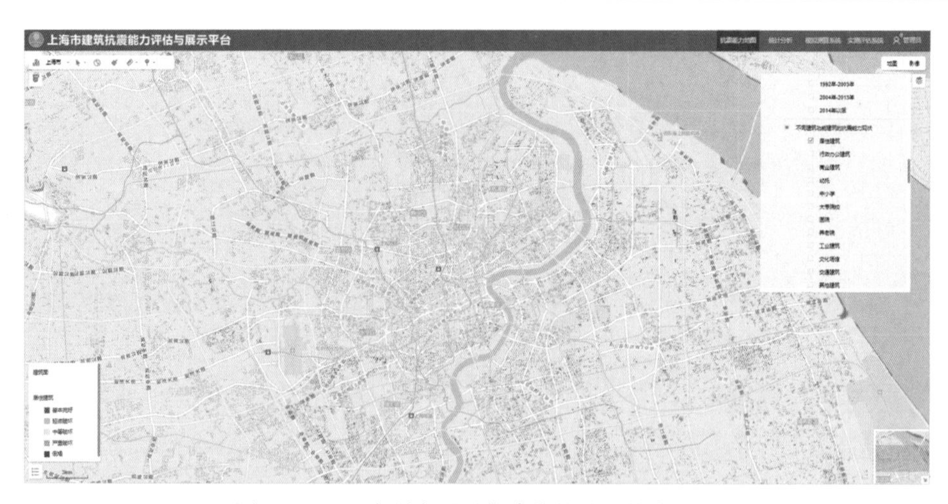


图 9 - 38　Ⅶ度烈度下居住建筑的破坏状态展示

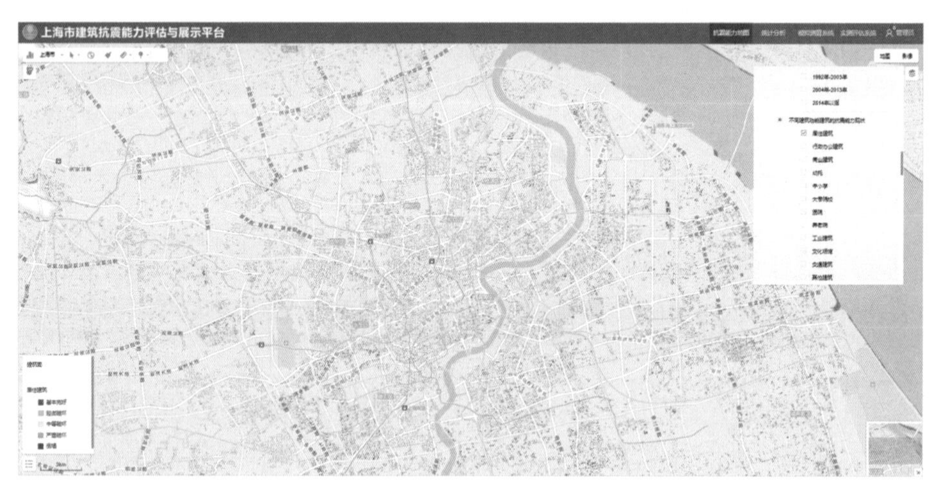


图 9 - 39　Ⅶ度烈度下行政办公建筑的破坏状态展示

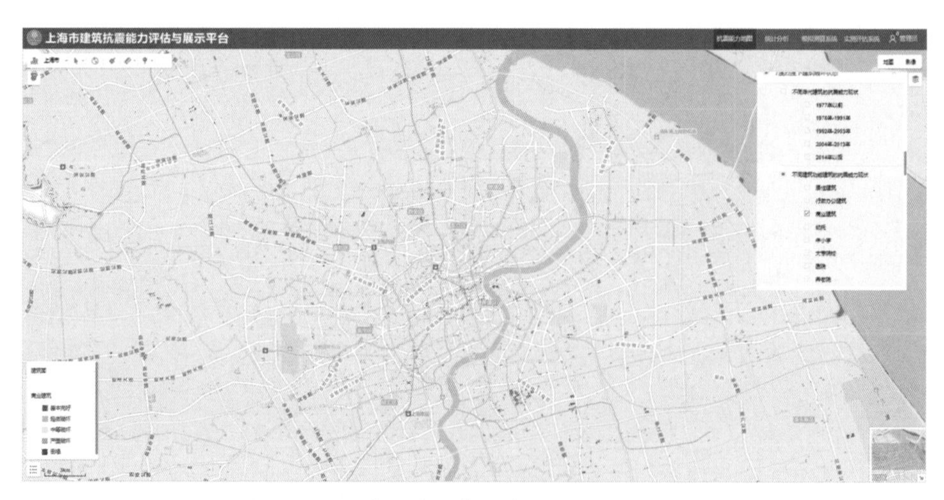


图 9 - 40　Ⅶ度烈度下商业建筑的破坏状态展示

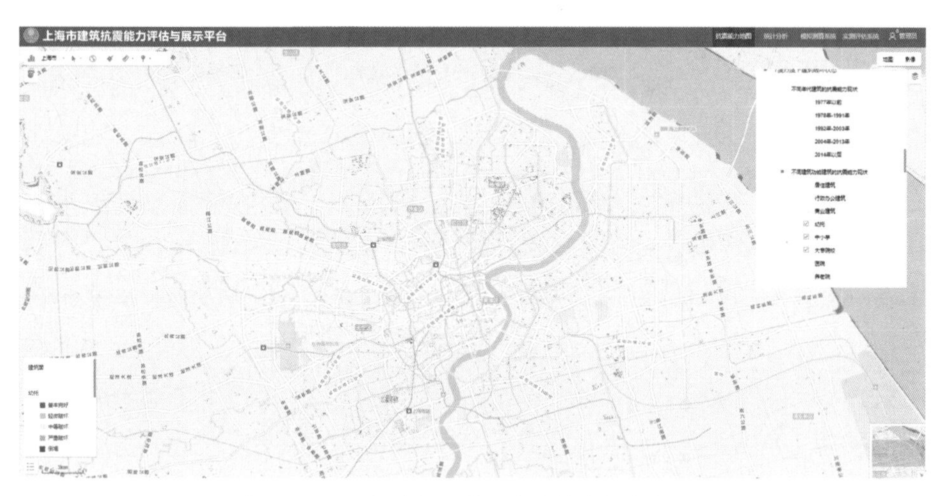


图9-41　Ⅶ度烈度下学校建筑的破坏状态展示

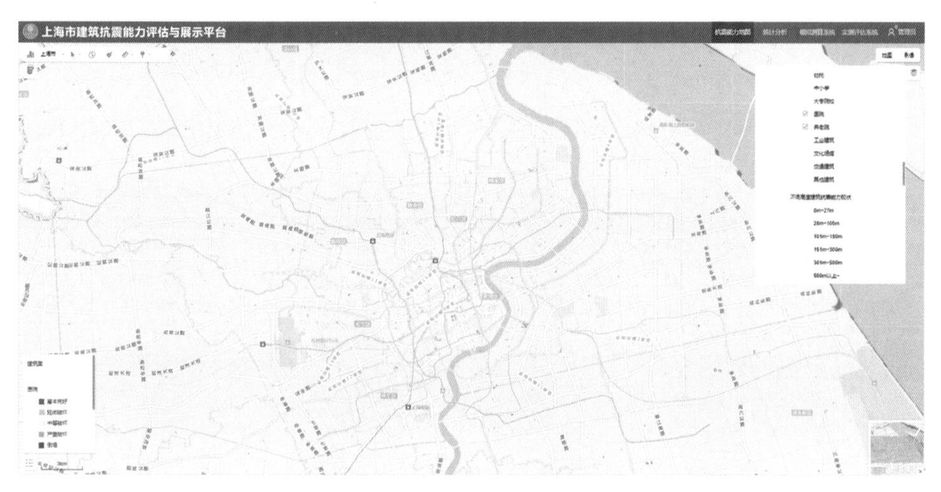


图9-42　Ⅶ度烈度下医院、养老院的破坏状态展示

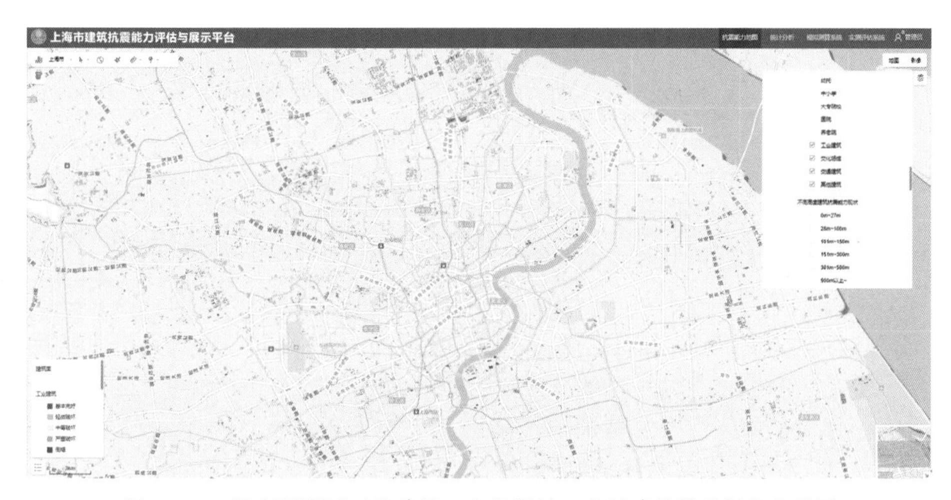


图9-43　Ⅶ度烈度下工业建筑、文化场馆、交通建筑等破坏状态展示

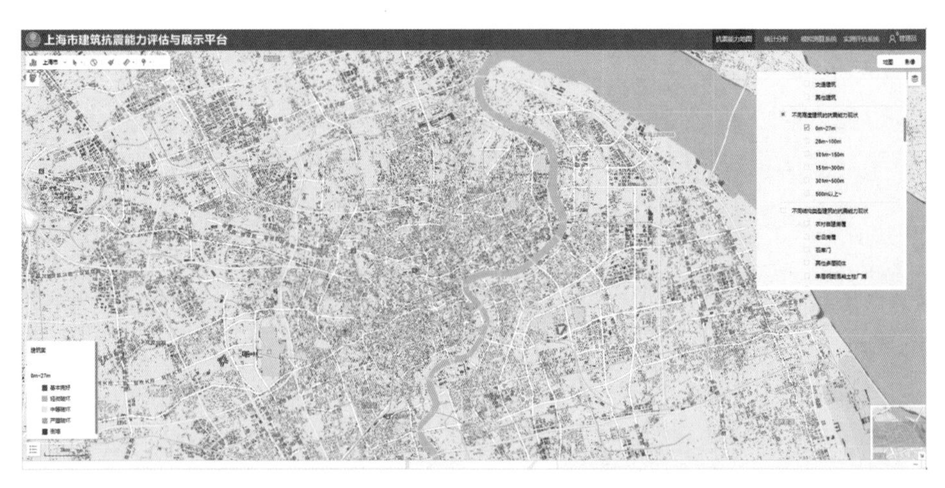


图 9－44　Ⅵ度烈度下 0～27m 建筑的破坏状态展示

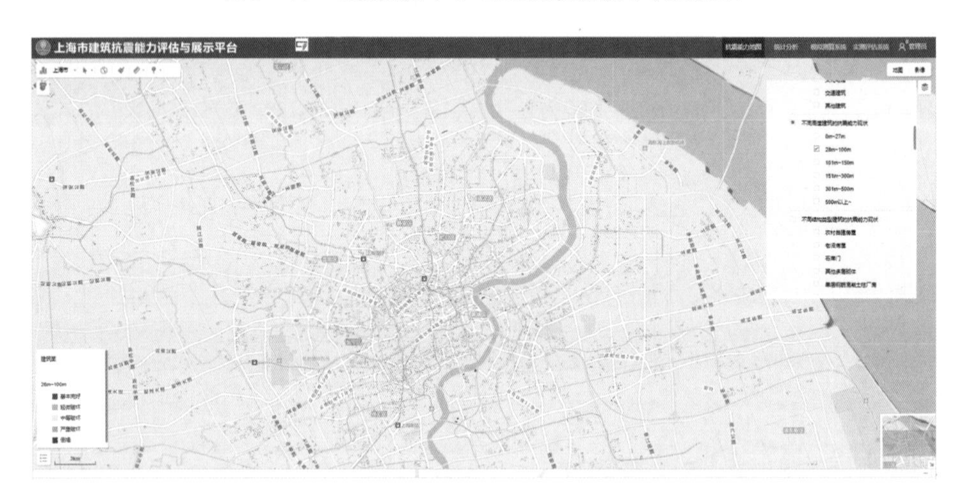


图 9－45　Ⅵ度烈度下 28～100m 建筑的破坏状态展示

图 9－46　Ⅵ度烈度下 100m 以上建筑的破坏状态展示

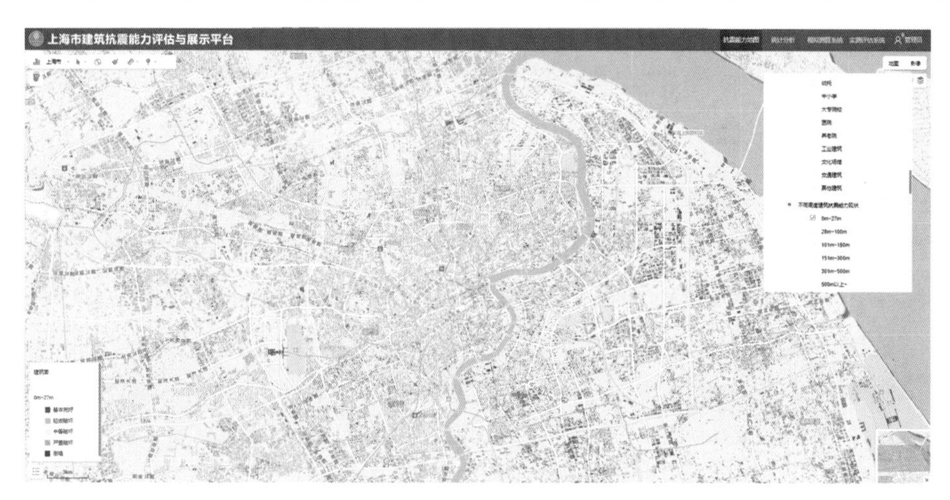


图 9－47　Ⅶ度烈度下 0~27m 建筑的破坏状态展示

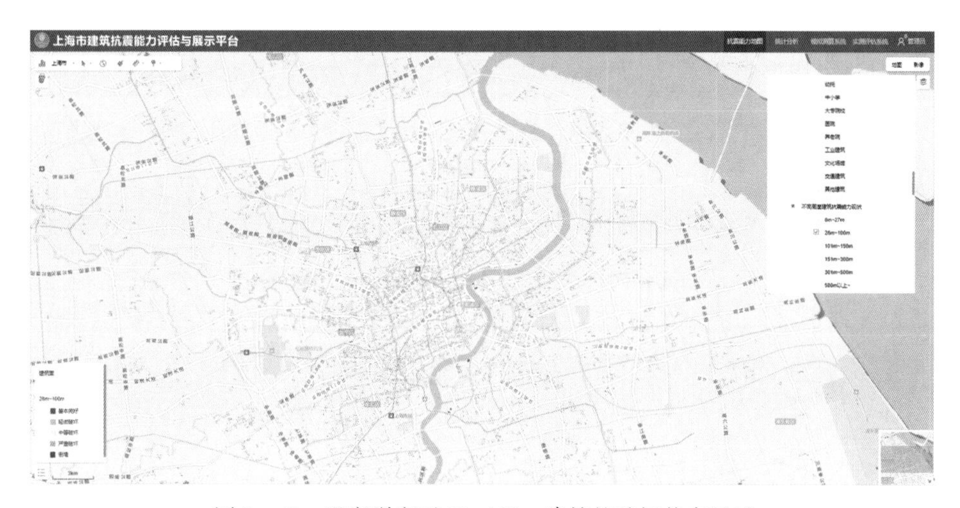


图 9－48　Ⅶ度烈度下 28~100m 建筑的破坏状态展示

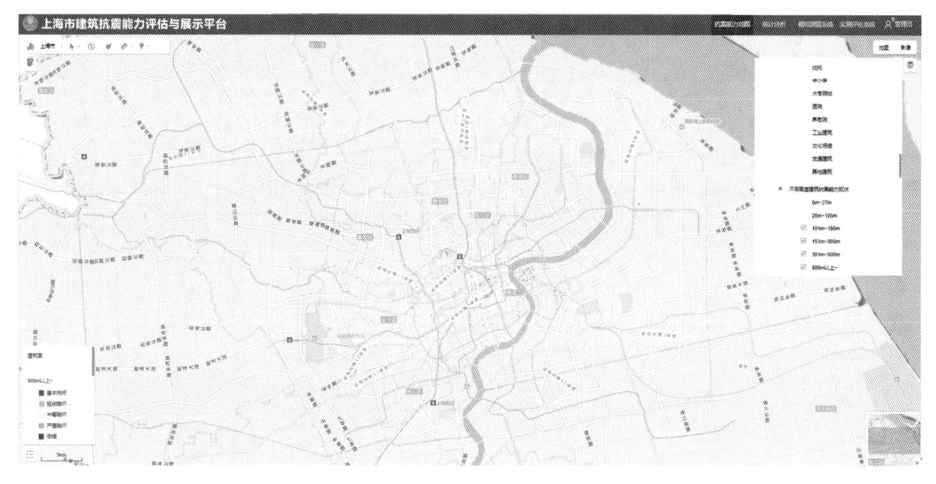


图 9－49　Ⅶ度烈度下 100m 以上建筑的破坏状态展示

## 9.4　建筑抗震能力模拟测算系统

模拟测算评估系统，是模拟手动输入地震作用参数，根据地震烈度衰减模型动态生成烈度分布圈，再利用 Web Service 服务将生成的烈度圈与建筑抗震能力评估结果进行叠加分析计算，获得每栋建筑在对应烈度下的建筑破坏状态，分为基本完好、轻微破坏、中等破坏、严重破坏、毁坏五种破坏状态，分别用蓝色、绿色、黄色、橙色、红色分类、分色块、分图层标识，最后通过 ArcGIS 发布动态地图服务对房屋的破坏状态进行前台地图的展示。

### 9.4.1　模拟测算输入参数

输入地震震级、倾向角参数和震中经纬度坐标，或点击按钮后，在地图上选点获取经纬度坐标。点击“开始计算”按钮，进行动态模拟测算，如图 9－50 所示。

图 9－50　模拟测算系统输入参数界面

### 9.4.2　模拟测算

模拟测算完成后展示测算结果，可以直观地看到该模拟地震烈度下上海市建筑破坏情况和统计表。假定在浦东新区某处发生 7.0 级地震，震中位置为东经 121.47°、北纬 31.15°，模拟测算的烈度影响范围及建筑破坏情况如图 9－51 所示。

图 9－51　某次模拟测算烈度圈及建筑破坏情况

## 9.5　抗震能力实测评估系统

实测评估系统，是对接上海市地震烈度速报网络系统的地震烈度数据，以此作为地震动输入，采用克里金插值方法拟合得到地震烈度圈，再利用 Web Service 服务将生成的烈度圈与建筑抗震能力评估结果进行叠加分析计算，获得每栋建筑在对应烈度下的建筑破坏状态，分为基本完好、轻微破坏、中等破坏、严重破坏、毁坏五种破坏状态，分别用蓝色、绿色、黄色、橙色、红色分类、分色块、分图层标识，最后通过 ArcGIS 发布动态地图服务对房屋的破坏状态进行前台地图的展示。

通过导入上海各强震监测台站点提供的某次地震事件的监测烈度数据，可在系统平台中实现详细台站位置及其监测烈度值的查看。对强震监测台站监测的烈度数据进行空间插值，得出该地震事件在上海市范围的地震烈度插值拟合面。

### 9.5.1　实测评估输入参数

地震事件参数输入，支持新增、删除、详情查看和筛选查询操作，其中新增参数包括：震中经纬度、震级大小、震源深度、震中参考位置、发震时刻和震时监测台站数据导入，新增地震事件界面如图 9－52 所示。

图 9－52　新增地震事件

可在实测评估系统地震事件列表中，选择要查看的地震事件，了解地震烈度详情，如图 9－53 所示。

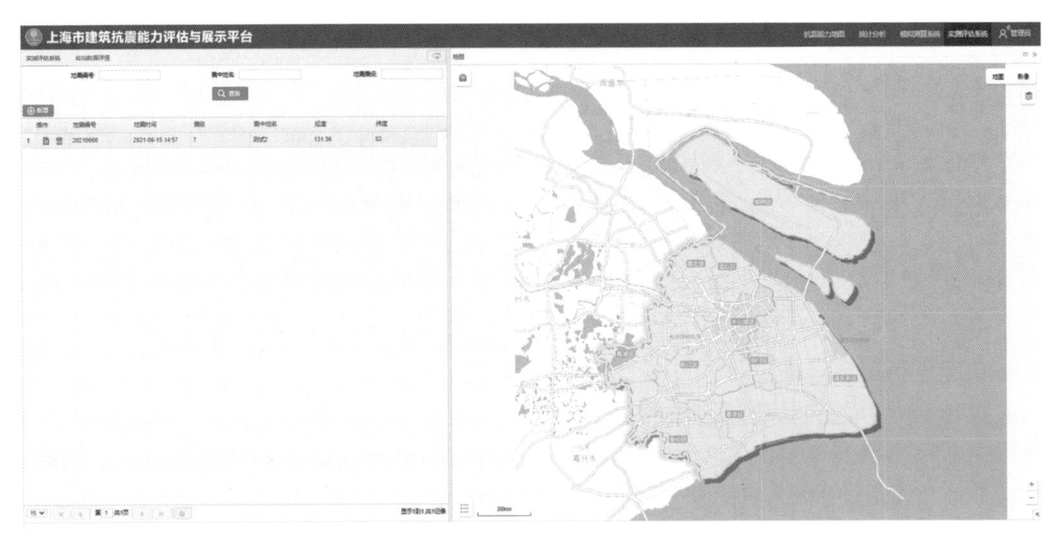


图 9 – 53　地震事件选取

## 9.5.2　实测评估

导入某次地震事件台站监测到的烈度数据，进行建筑抗震能力实测评估，可以直观地看到该地震事件作用下上海市建筑破坏情况时空分布和统计数据信息。图 9 – 54 为假设的某次地震事件下，上海强震台站及其烈度监测值分布。通过克里金插值方法拟合得到地震烈度圈及建筑破坏情况如图 9 – 55 所示。

图 9 – 54　某假设地震下强震台站及其烈度监测值分布

图 9 - 55　某假设地震下地震烈度圈及建筑破坏情况

## 9.6　统计分析模块

统计分析模块关联建筑基础信息数据库、抗震能力地图信息和测算评估系统承载的计算数据，按行政区划、建造年代、功能、结构类型、高度、不良地震地质等分类，对建筑信息和抗震能力进行统计分析，得到按设定的分类字段进行统计的各种图表数据结果，以此查看不同统计类别下建筑基础信息、抗震设防水平和抗震能力现状，并产出对应的分析图表。由于数据量非常大，类别多，鉴于篇幅，仅以浦东新区某两个街镇为范围，选取部分类别，对其抗震设防水平和抗震能力现状进行统计分析。

### 9.6.1　抗震设防水平统计分析

抗震设防水平统计分析模块是分别按照建筑数量和面积统计上海市建筑的抗震设防水平，分析展示不同分类标准下建筑抗震设防水平情况的功能模块。

**1. 按建造年代统计分析**

在按建造年代统计分析界面中，可以分析具体的建筑功能、结构类型和建筑高度条件下不同年代建筑抗震设防水平的分布情况，如图 9 - 56 所示。

根据不同的分类标准选择有代表性筛选条件，查看相应的分析结果，如：

结构类型：多层砌体结构建筑抗震设防水平统计分析（图 9 - 57）。

建筑高度：0~27m 高度建筑抗震设防水平统计分析（图 9 - 58）。

建筑功能：居住建筑抗震设防水平统计分析（图 9 - 59）。

不良地震地质条件：隐伏断层影响范围内建筑抗震设防水平统计分析（图 9 - 60）。

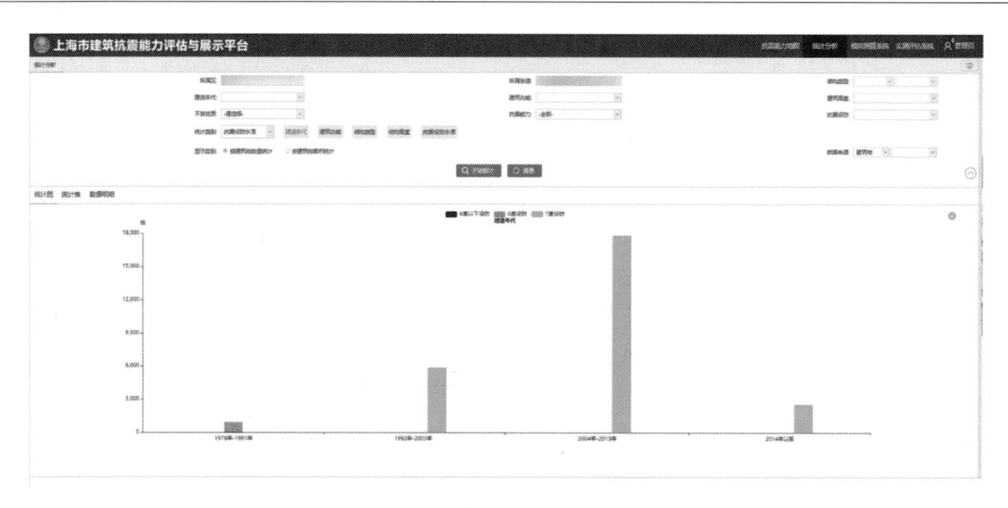


图 9－56　按建造年代统计分析界面

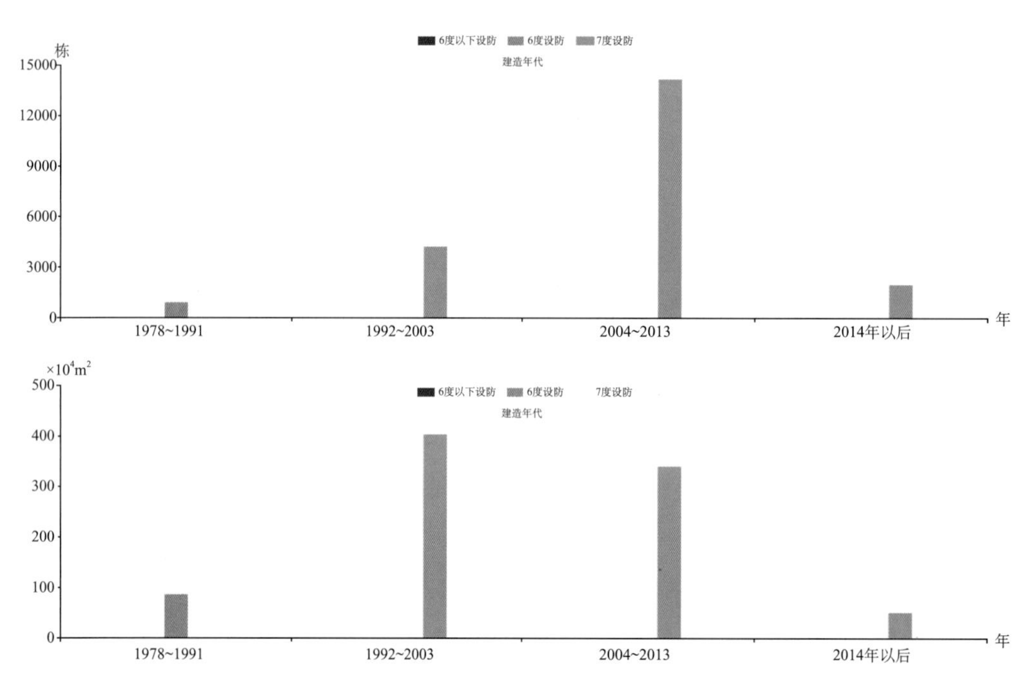


图 9－57　结构类型：多层砌体结构建筑抗震设防水平统计分析

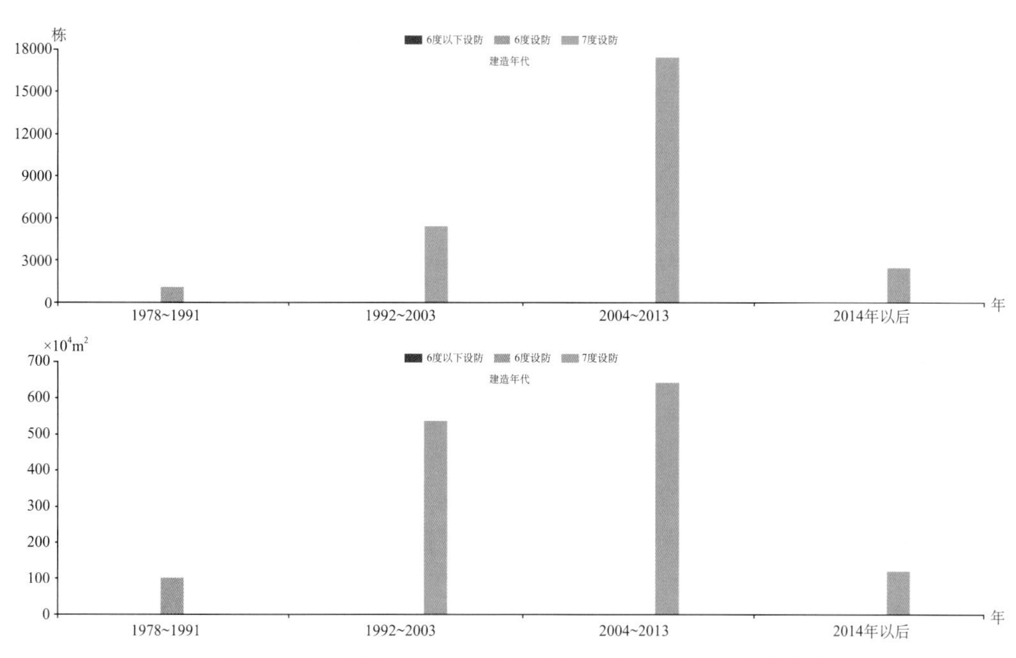


图 9－58　建筑高度：0~27m 高度建筑抗震设防水平统计分析

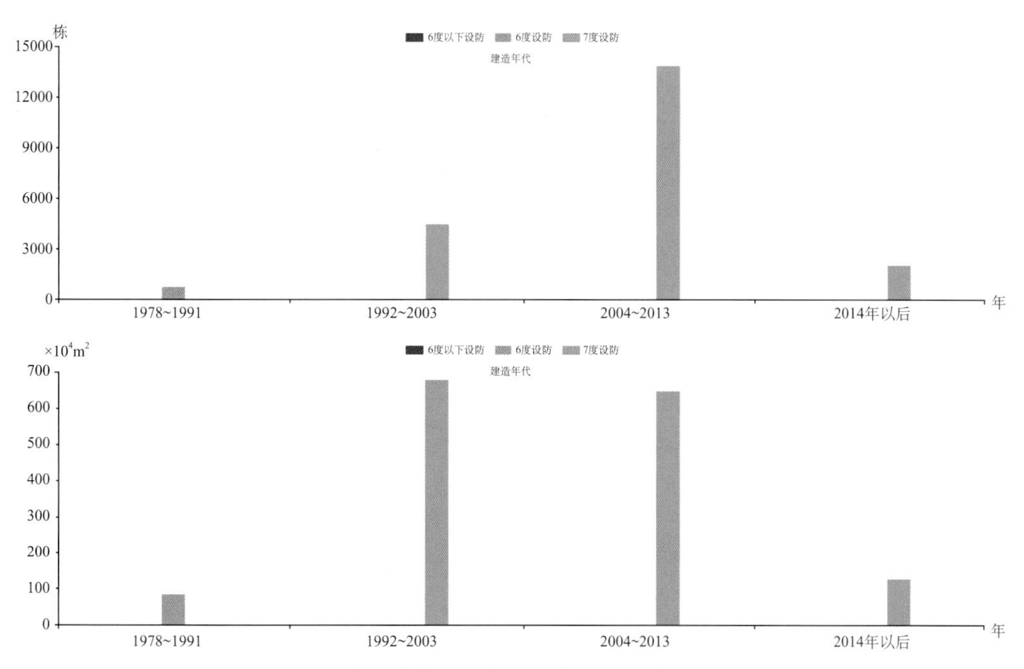


图 9－59　建筑功能：居住建筑抗震设防水平统计分析

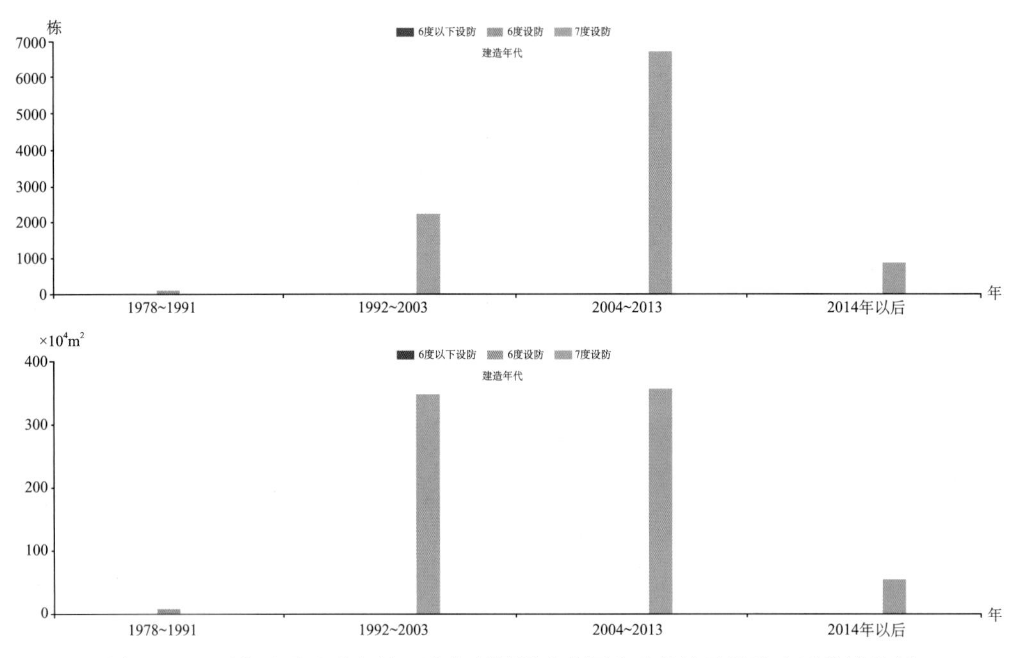


图 9－60　不良地震地质条件：隐伏断层影响范围内建筑抗震设防水平统计分析

**2. 按建筑功能统计分析**

在按建筑功能统计分析界面中，可以分析具体的建造年代、结构类型和建筑高度条件下不同功能建筑的抗震设防水平分布情况，如图 9－61 所示。

图 9－61　按建筑功能统计分析界面

根据不同的分类标准选择有代表性筛选条件，查看相应的分析结果，如：

结构类型：多层砌体结构建筑抗震设防水平统计分析（图 9－62）。

建筑高度：0~27m 高度建筑抗震设防水平统计分析（图 9－63）。

建造年代：2004~2013 年建筑抗震设防水平统计分析（图 9-64）。

不良地震地质条件：液化土层上建筑抗震设防水平统计分析（图 9-65）。

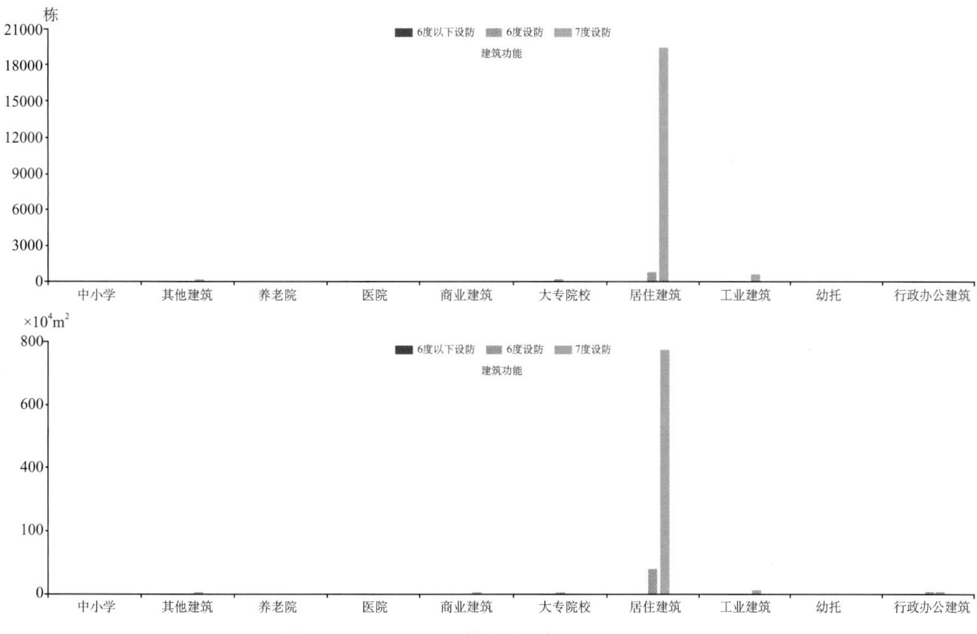


图 9-62　结构类型：多层砌体结构建筑抗震设防水平统计分析

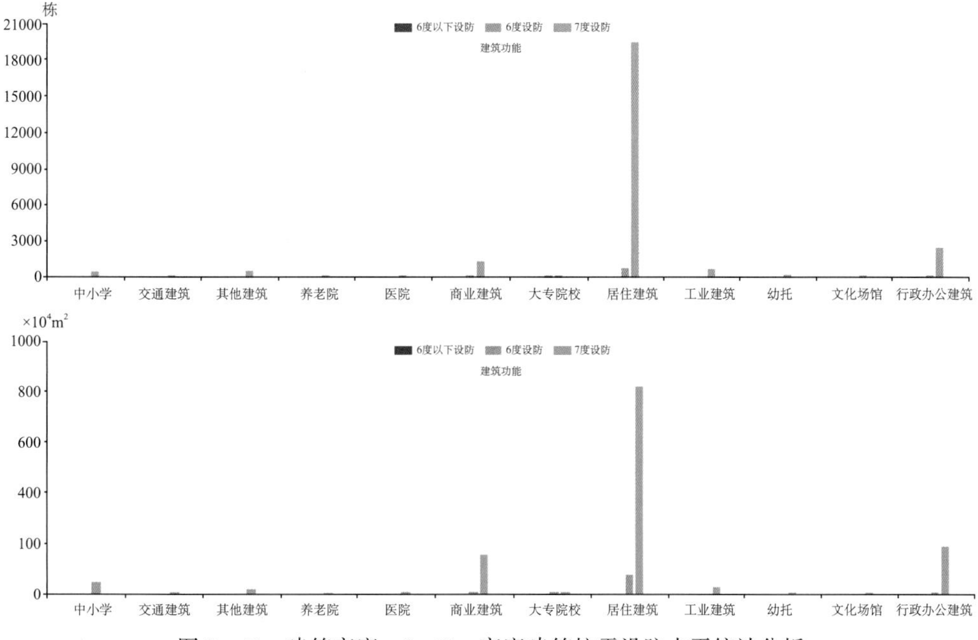


图 9-63　建筑高度：0~27m 高度建筑抗震设防水平统计分析

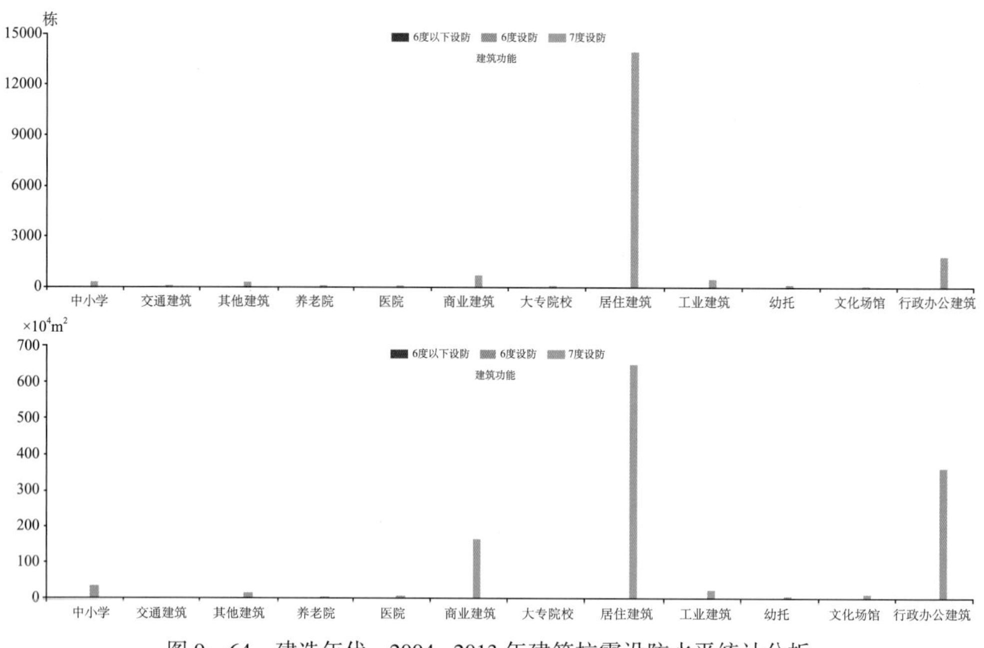


图 9－64　建造年代：2004～2013 年建筑抗震设防水平统计分析

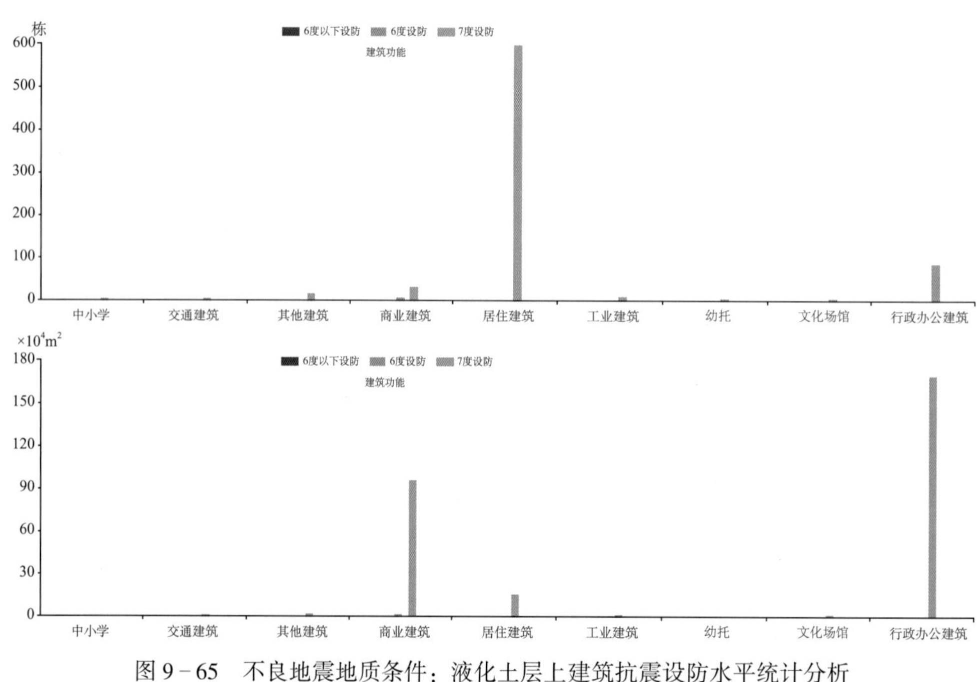


图 9－65　不良地震地质条件：液化土层上建筑抗震设防水平统计分析

**3. 按结构类型统计分析**

在按结构类型统计分析界面中，可以分析具体的建造年代、建筑功能和建筑高度条件下不同结构类型建筑的抗震设防水平分布情况，如图 9－66 所示。

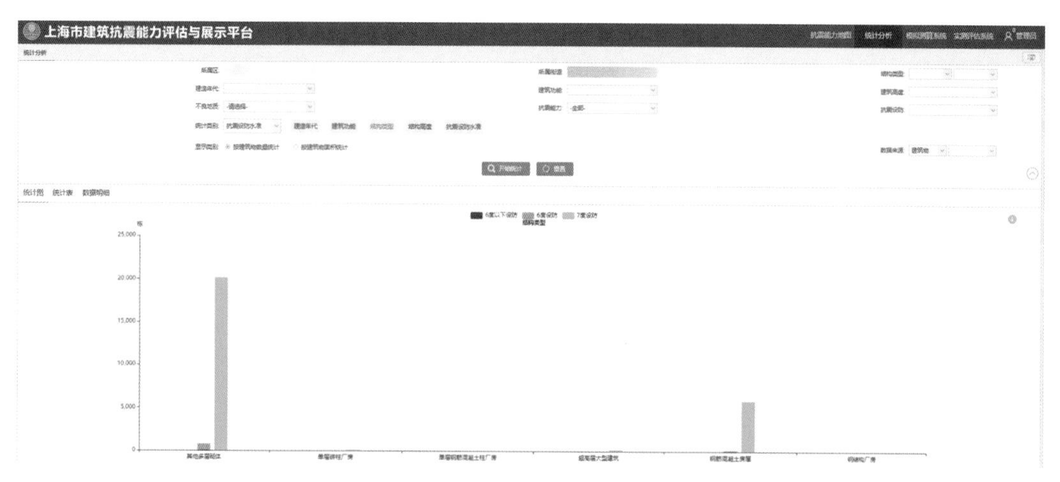


图 9－66　按结构类型统计分析界面

根据不同的分类标准选择有代表性筛选条件，查看相应的分析结果，如：
建筑功能：医院、养老院建筑抗震设防水平统计分析（图 9－67）。
建筑高度：0～27m 高度建筑抗震设防水平统计分析（图 9－68）。
建造年代：2004～2013 年建筑抗震设防水平统计分析（图 9－69）。
不良地震地质条件：隐伏断层影响范围内建筑抗震设防水平统计分析（图 9－70）。

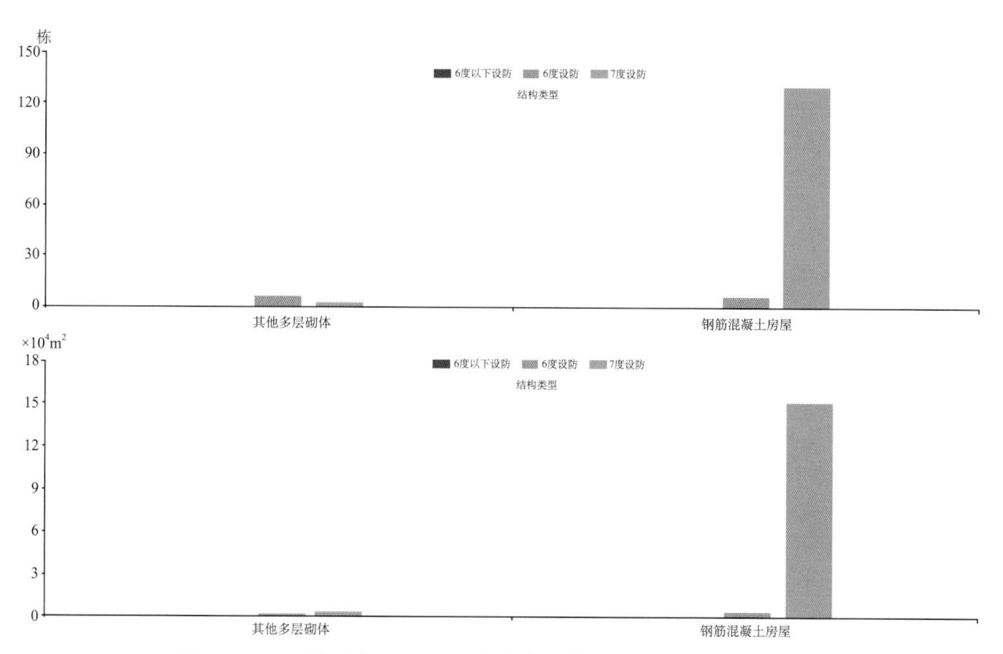


图 9－67　建筑功能：医院、养老院建筑抗震设防水平统计分析

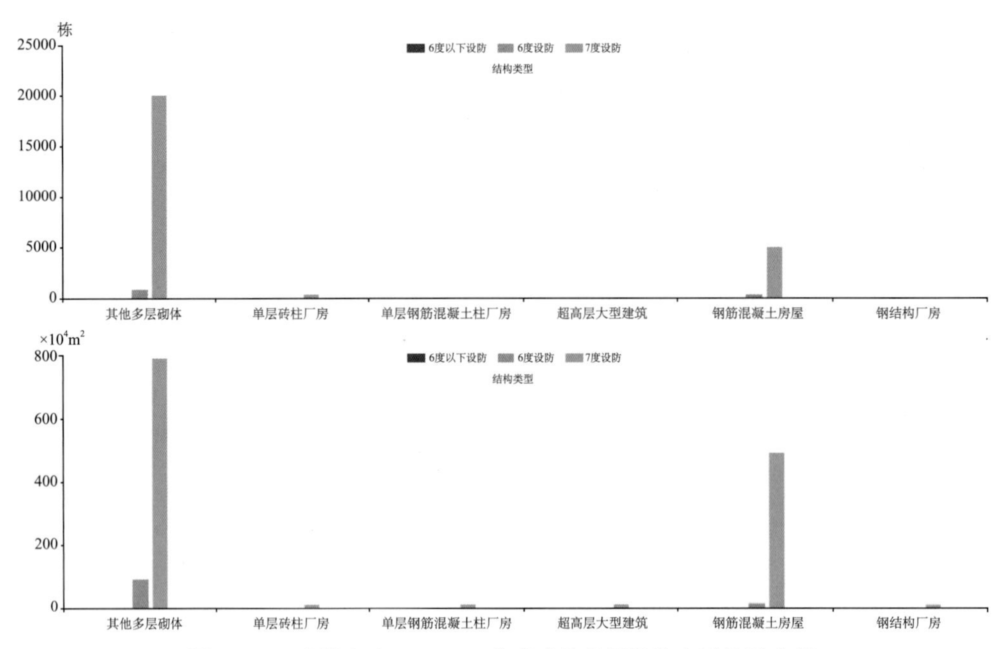


图 9－68　建筑高度：0～27m 高度建筑抗震设防水平统计分析

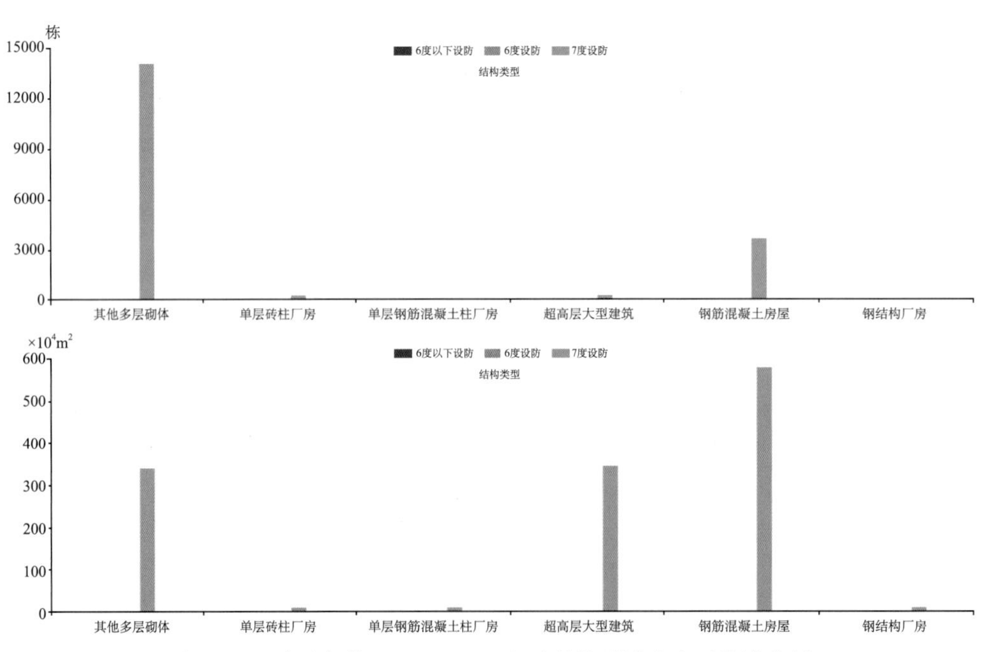


图 9－69　建造年代：2004～2013 年建筑抗震设防水平统计分析

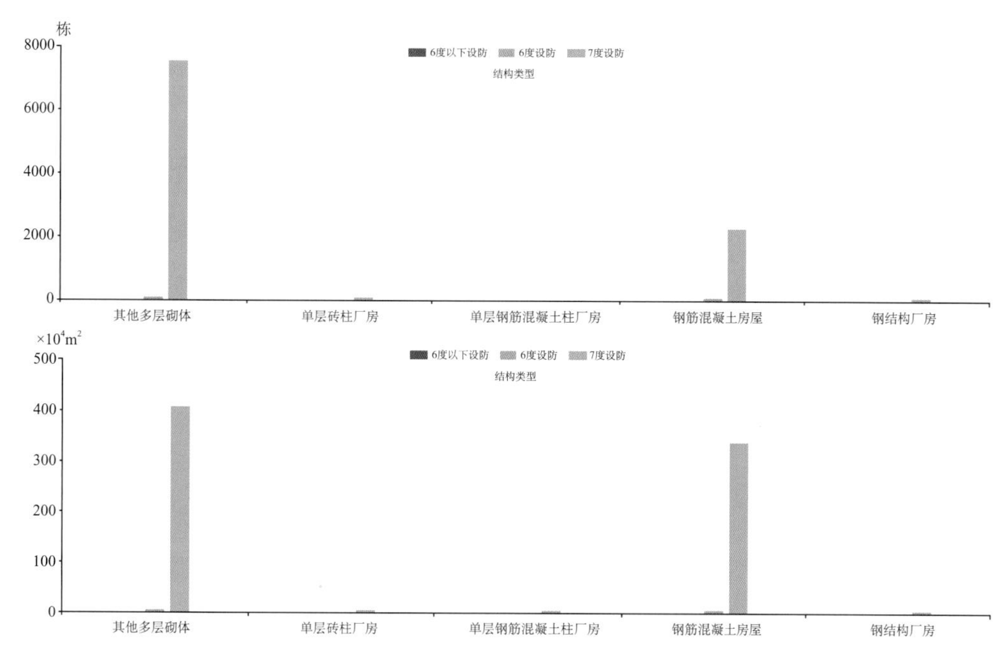


图9－70　不良地震地质条件：隐伏断层影响范围内建筑抗震设防水平统计分析

#### 4. 按建筑高度统计分析

在按建筑高度统计分析界面中，可以分析具体的建造年代、建筑功能和结构类型条件下不同建筑高度的建筑的抗震设防水平分布情况，如图9－71所示。

图9－71　按建筑高度统计分析界面

根据不同的分类标准选择有代表性筛选条件，查看相应的分析结果，如：

建筑功能：医院、养老院建筑抗震设防水平统计分析（图9－72）。

结构类型：钢筋混凝土建筑和超高层建筑抗震设防水平统计分析（图9－73）。

建造年代：1992~2003 年建筑抗震设防水平统计分析（图 9－74）。

不良地震地质条件：液化土层上建筑抗震设防水平统计分析（图 9－75）。

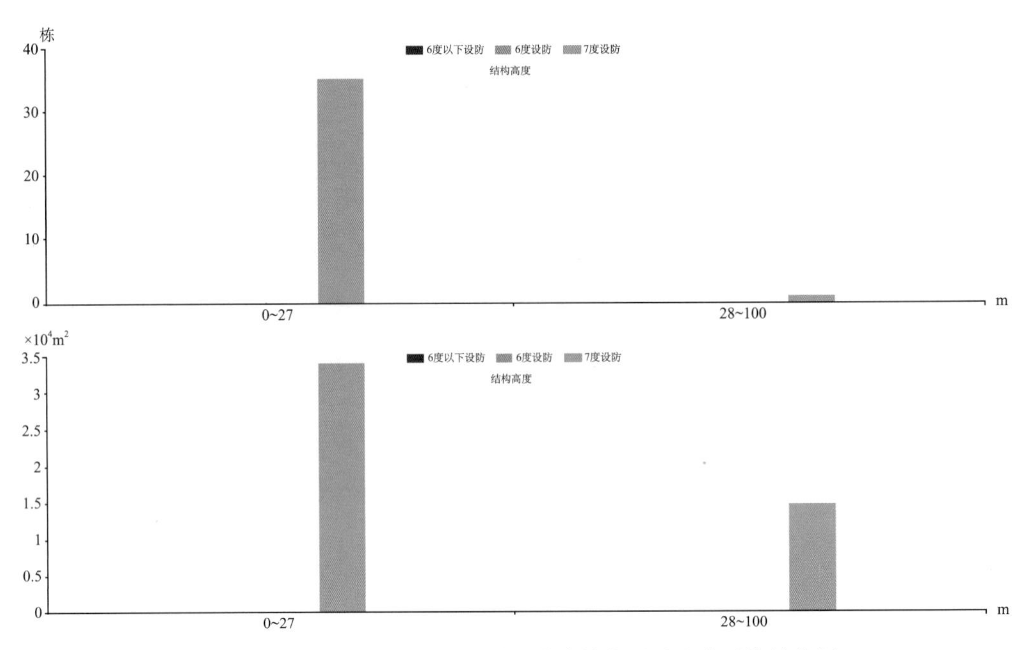


图 9－72　建筑功能：医院、养老院建筑抗震设防水平统计分析

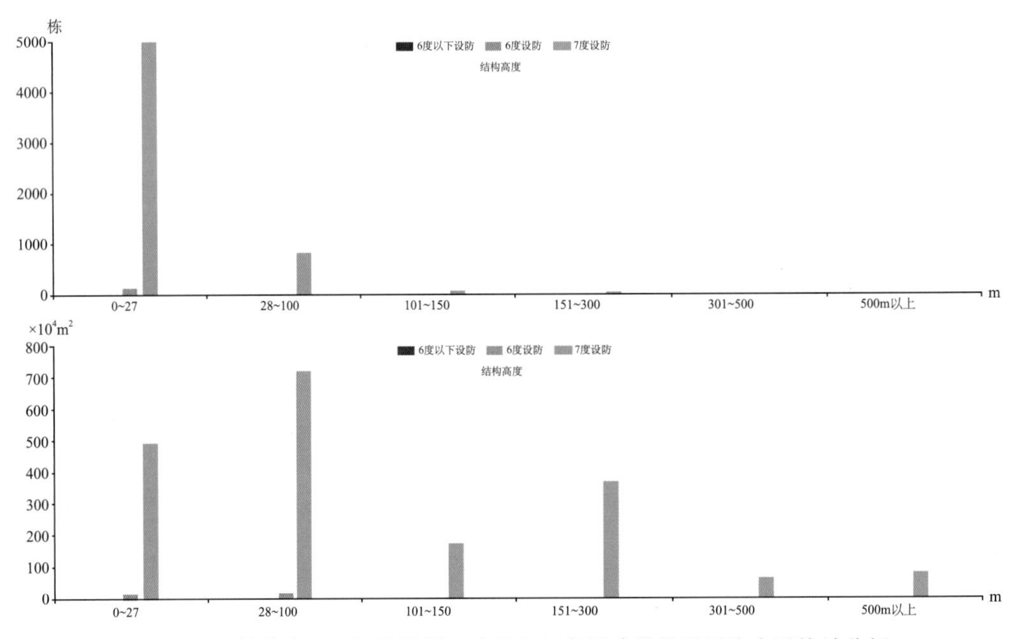


图 9－73　结构类型：钢筋混凝土建筑和超高层建筑抗震设防水平统计分析

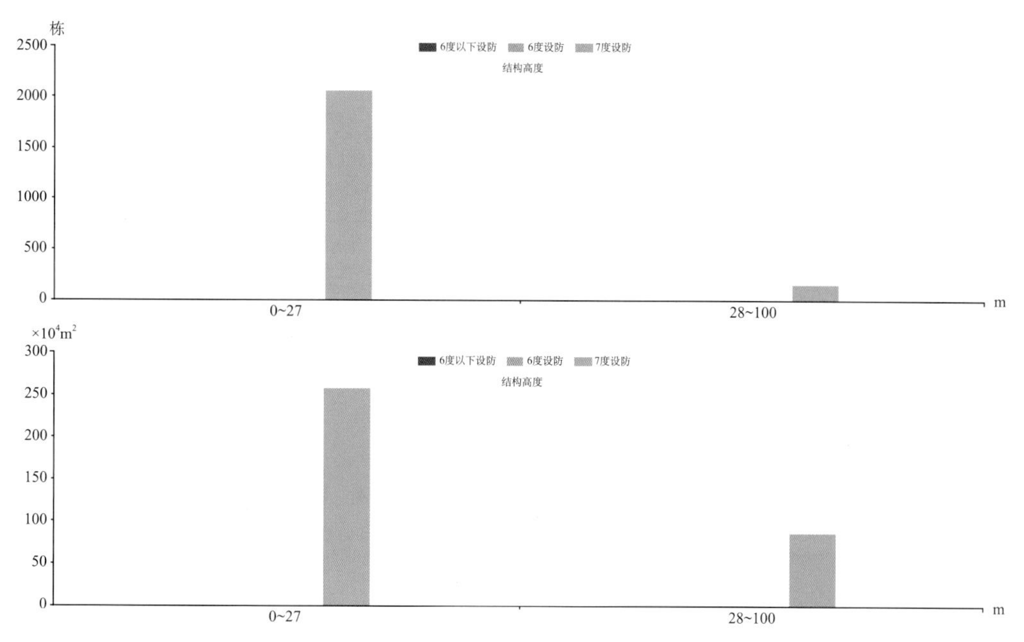


图 9－74　建造年代：1992～2003 年建筑抗震设防水平统计分析

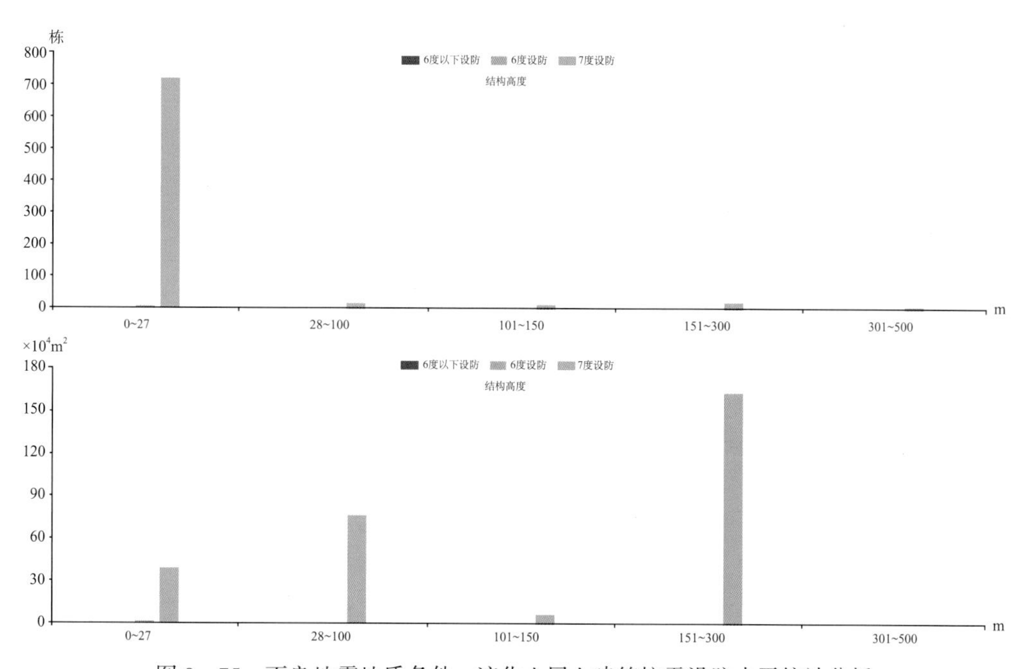


图 9－75　不良地震地质条件：液化土层上建筑抗震设防水平统计分析

### 9.6.2　抗震能力现状统计分析

抗震能力现状统计分析模块是分别按照建筑数量和面积统计上海市建筑的抗震能力现状，分析展示不同烈度和不同分类标准下建筑抗震能力现状的功能模块。分类标准多、组合多，鉴于篇幅，以下仅统计分析 7 度烈度下不同分类标准建筑抗震能力现状。

**1. 按建造年代统计分析**

按建造年代统计分析建筑的抗震能力现状，是指以不同建造年代为基础，在不同烈度（Ⅵ、Ⅶ和Ⅷ度）条件下，按照建筑高度、结构类型和建筑功能等字段统计分析建筑的抗震设防能力现状。

在按建造年代统计分析界面中，可以分析具体的建筑功能、结构类型、建筑高度和不良地震地质条件下不同建造年代建筑的抗震能力现状的分布情况，如图 9－76 所示。

图 9－76　按建造年代统计分析界面

根据不同的分类标准选择有代表性筛选条件，查看相应的分析结果，如：

建筑功能：幼托、中小学和大专院校建筑抗震能力现状统计分析（图 9－77）。

建筑高度：28～100m 建筑抗震能力现状统计分析（图 9－78）。

结构类型：工业厂房建筑抗震能力现状统计分析（图 9－79）。

不良地震地质条件：隐伏断层影响范围内建筑抗震能力现状统计分析（图 9－80）。

**2. 按建筑功能统计分析**

在按建筑功能统计分析界面中，可以分析具体的建造年代、结构类型、建筑高度和不良地质条件下不同建造年代建筑的抗震能力现状的分布情况，如图 9－81 所示。

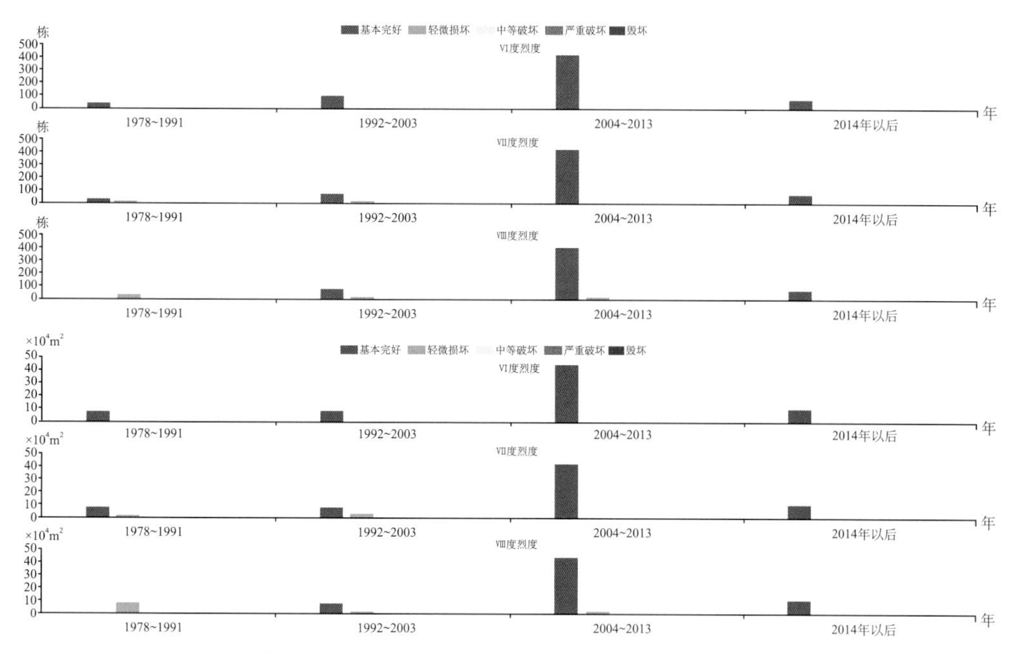


图9－77　建筑功能：幼托、中小学和大专院校建筑抗震能力现状统计分析

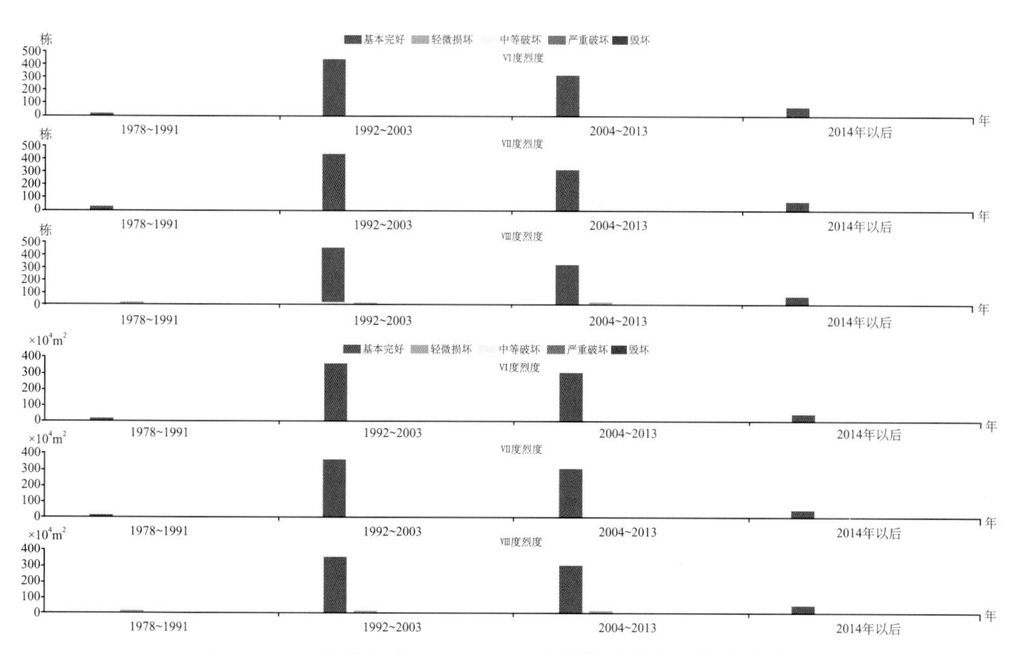


图9－78　建筑高度：28～100m建筑抗震能力现状统计分析

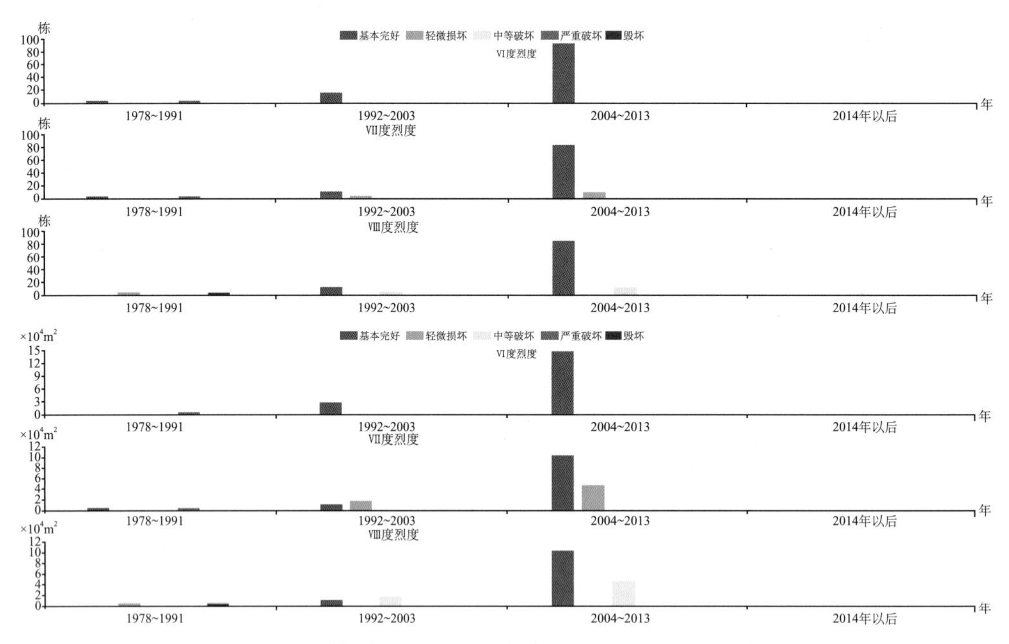


图 9－79　结构类型：工业厂房建筑抗震能力现状统计分析

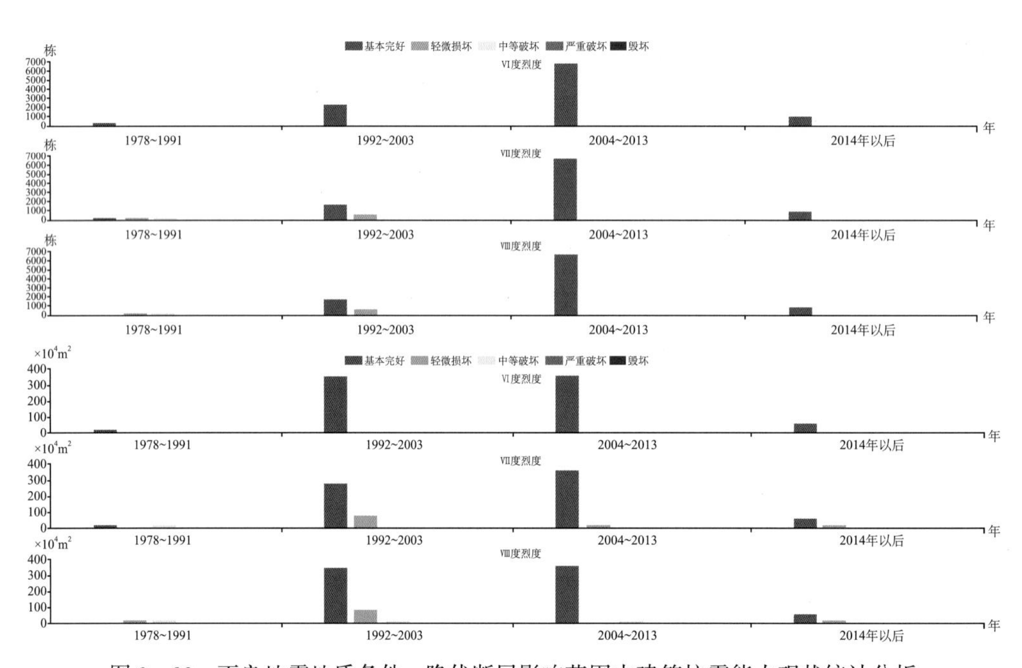


图 9－80　不良地震地质条件：隐伏断层影响范围内建筑抗震能力现状统计分析

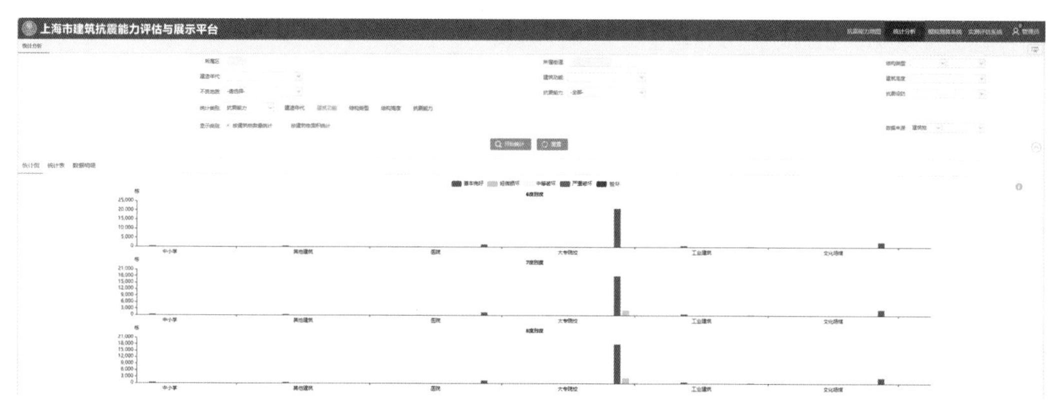


图 9－81　按建筑功能统计分析界面

根据不同的分类标准选择有代表性筛选条件，查看相应的分析结果，如：

结构类型：钢筋混凝土结构建筑抗震能力现状统计分析（图 9－82）。

建造年代：1978～1991 年建筑抗震能力现状统计分析（图 9－83）。

建筑高度：28～100m 建筑抗震能力现状统计分析（图 9－84）。

不良地震地质条件：液化土层上建筑抗震能力现状统计分析（图 9－85）。

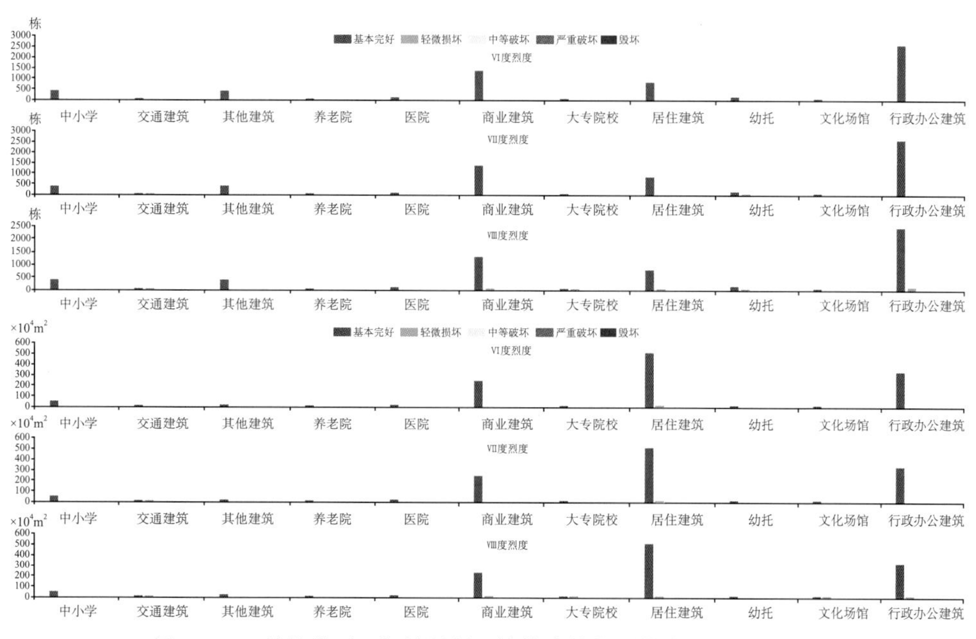


图 9－82　结构类型：钢筋混凝土结构建筑抗震能力现状统计分析

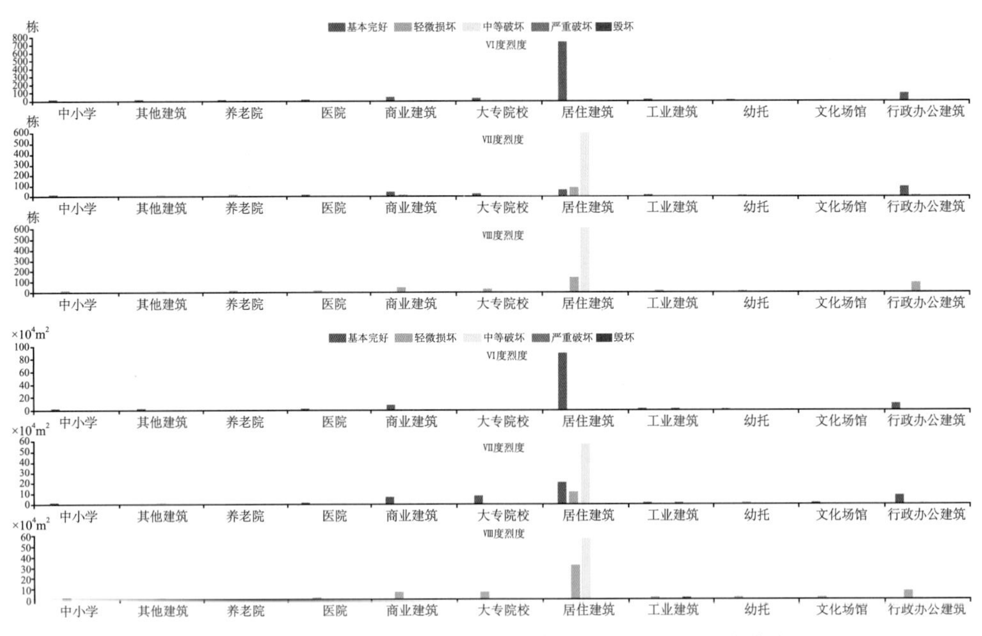


图 9－83　建造年代：1978～1991 年建筑抗震能力现状统计分析

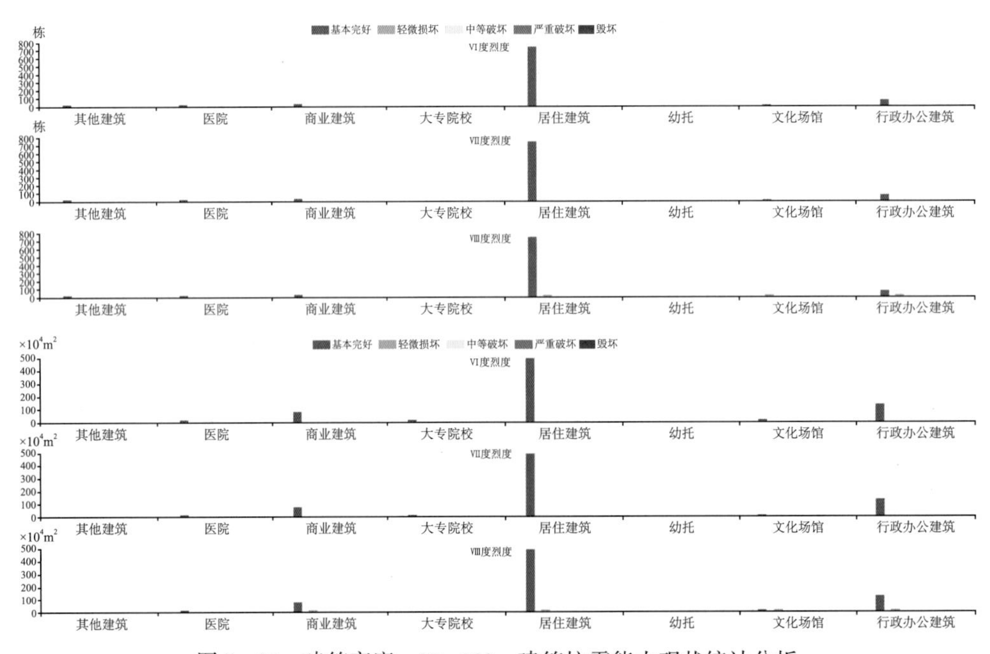


图 9－84　建筑高度：28～100m 建筑抗震能力现状统计分析

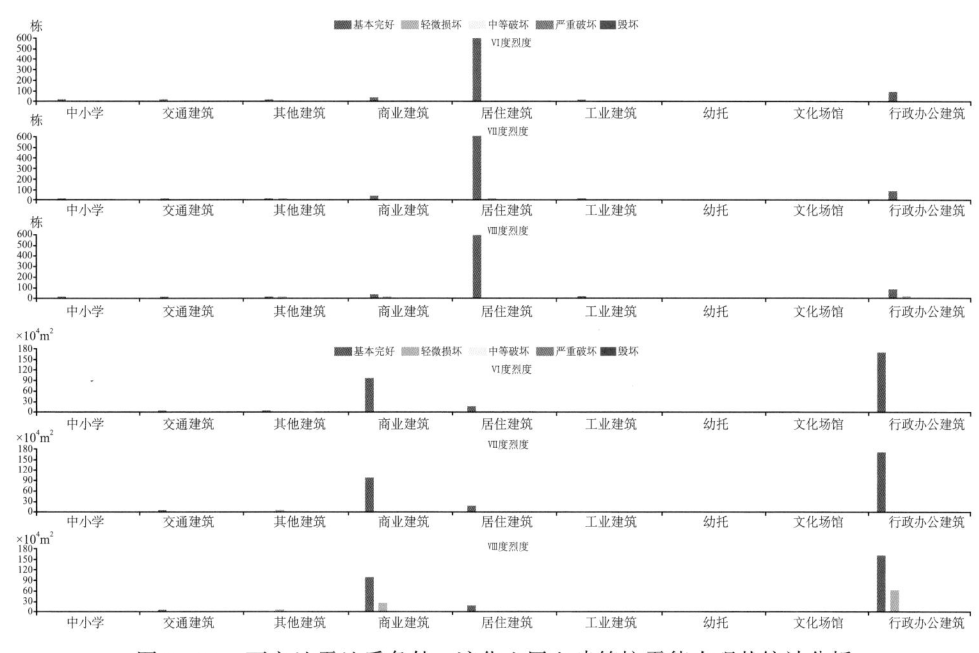


图 9－85　不良地震地质条件：液化土层上建筑抗震能力现状统计分析

### 3. 按结构类型统计分析

在按结构类型统计分析界面中，可以分析具体的建造年代、建筑功能、建筑高度和不良地质条件下不同结构类型建筑抗震能力现状的分布情况，如图 9－86 所示。

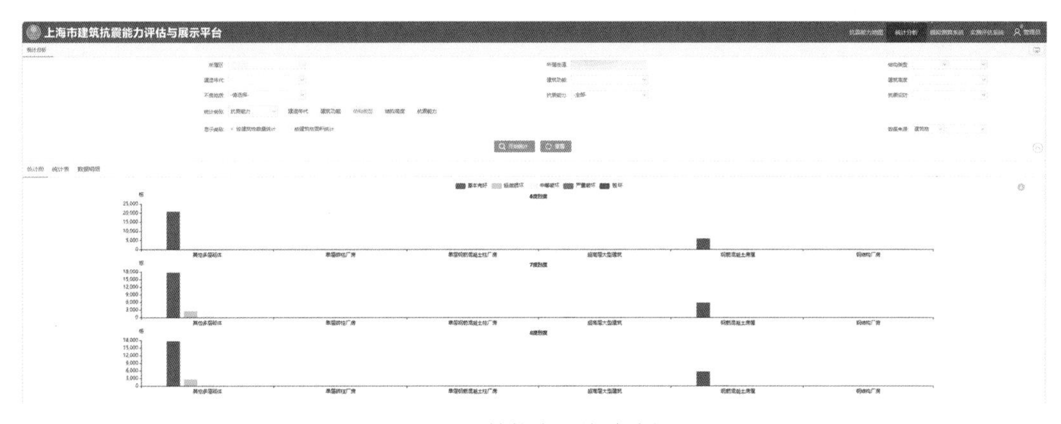


图 9－86　按结构类型统计分析界面

根据不同的分类标准选择有代表性筛选条件，查看相应的分析结果，如：

建筑功能：幼托、中小学、大专院校建筑抗震能力现状统计分析（图 9－87）。

建筑高度：0~27m 建筑抗震能力现状统计分析（图 9－88）。

建造年代：1992~2003 年建筑抗震能力现状统计分析（图 9－89）。

不良地震地质条件：隐伏断层影响范围内建筑抗震能力现状统计分析（图 9－90）。

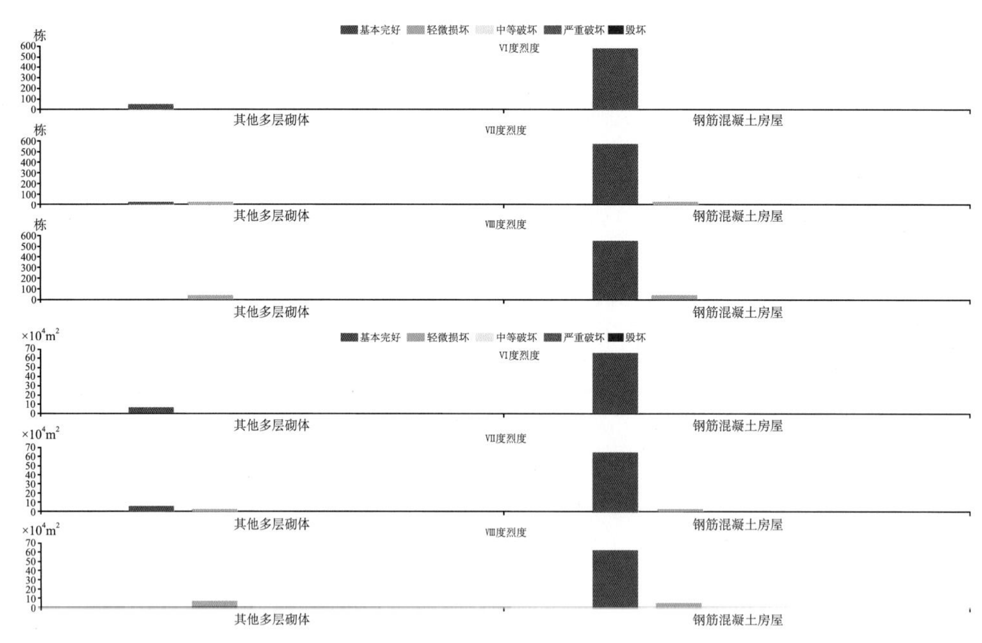


图 9－87　建筑功能：幼托、中小学、大专院校建筑抗震能力现状统计分析

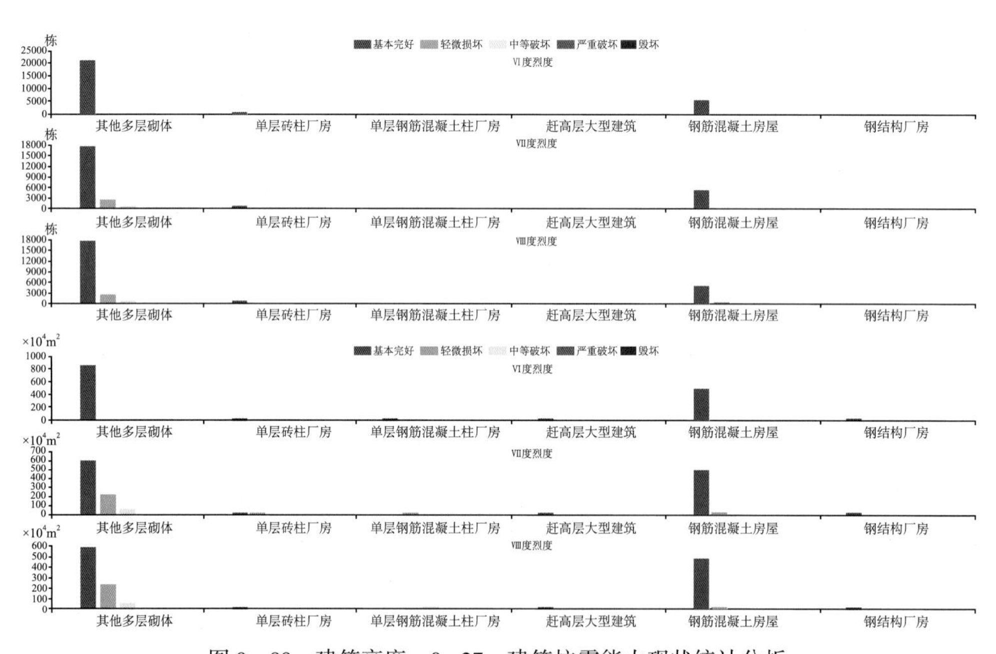


图 9－88　建筑高度：0～27m 建筑抗震能力现状统计分析

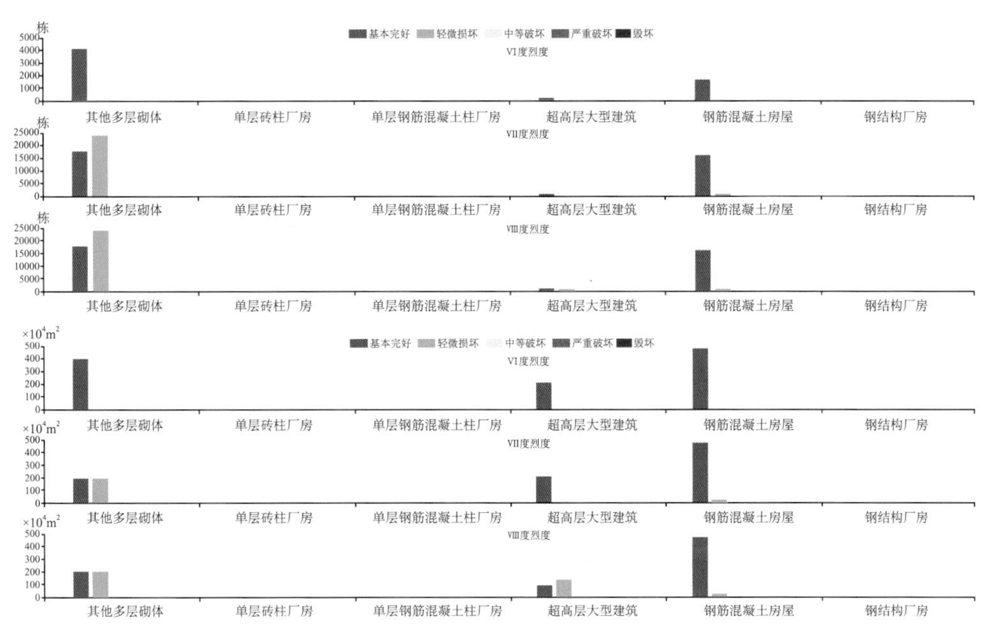


图9－89　建造年代：1992~2003年建筑抗震能力现状统计分析

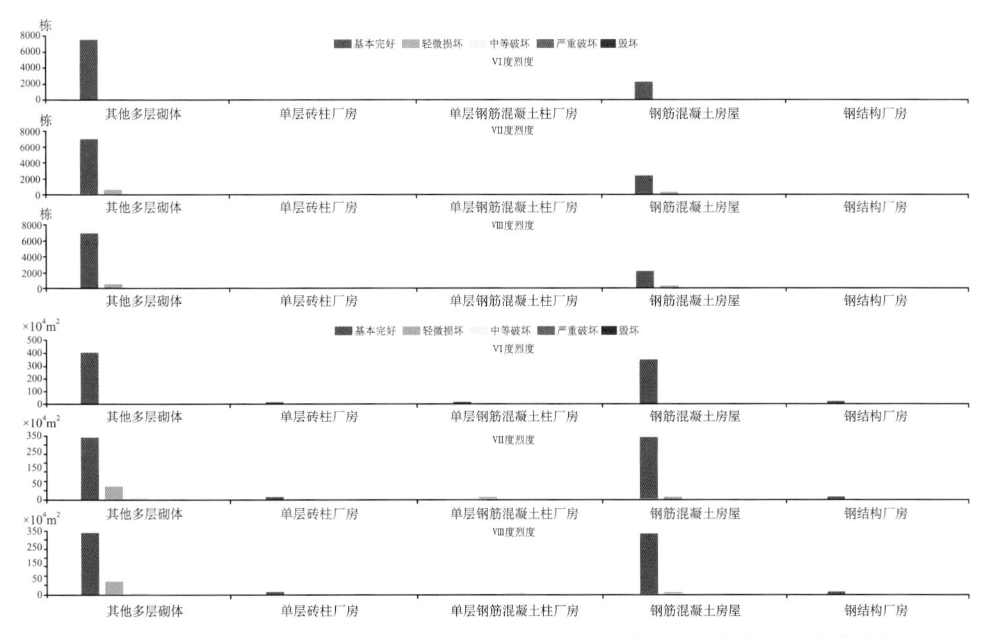


图9－90　不良地震地质条件：隐伏断层影响范围内建筑抗震能力现状统计分析

**4. 按建筑高度统计分析**

在按建筑高度统计分析界面中，可以分析具体的建造年代、建筑功能、结构类型和不良地质条件下不同建筑高度抗震能力现状的分布情况，如图9－91所示。

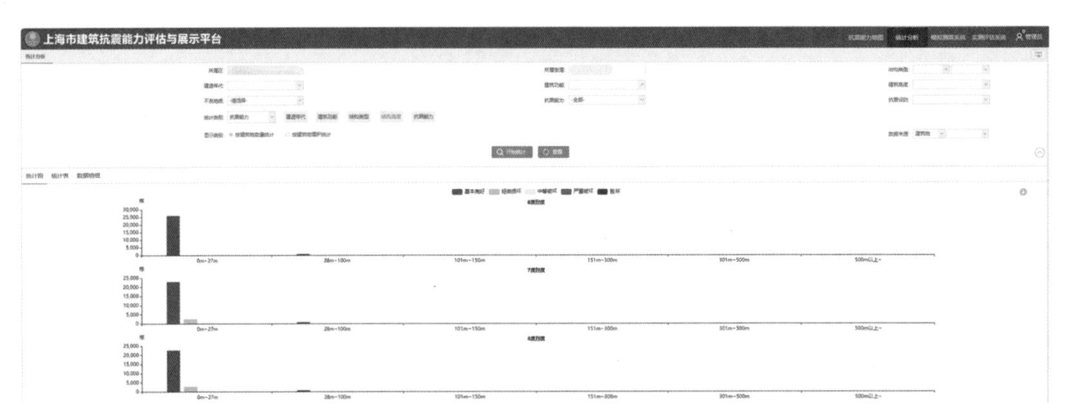


图 9 – 91　按建筑高度统计分析界面

根据不同的分类标准选择有代表性筛选条件，查看相应的分析结果，如：

建造年代：1978~1991 年建筑抗震能力现状统计分析（图 9 – 92）。

建筑功能：行政办公建筑抗震能力现状统计分析（图 9 – 93）。

结构类型：钢筋混凝土建筑抗震能力现状统计分析（图 9 – 94）。

不良地震地质条件：液化土层上建筑抗震能力现状统计分析（图 9 – 95）。

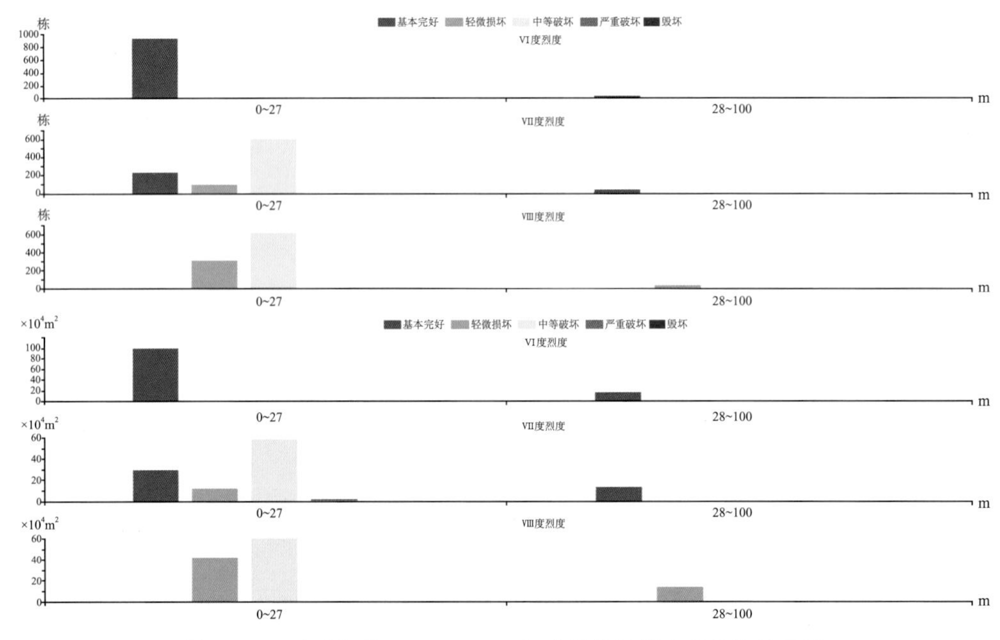


图 9 – 92　建造年代：1978~1991 年建筑抗震能力现状统计分析

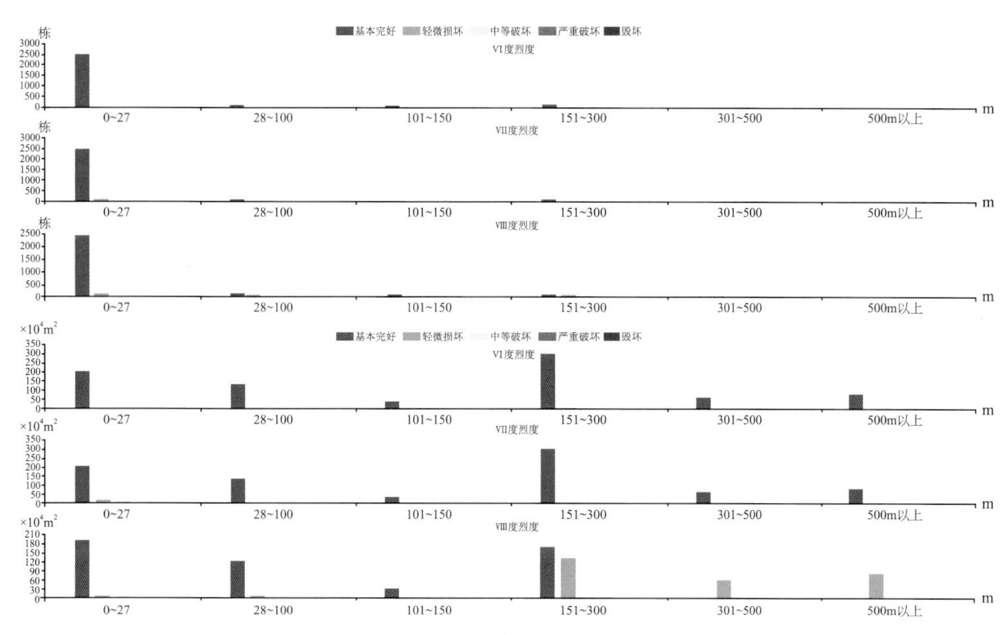


图 9－93　建筑功能：行政办公建筑抗震能力现状统计分析

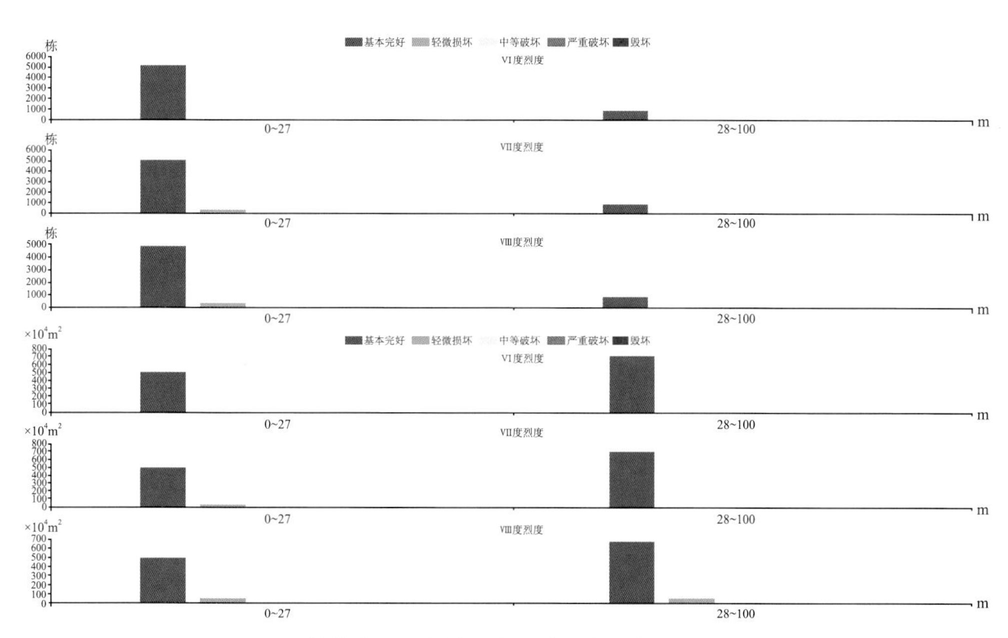


图 9－94　结构类型：钢筋混凝土建筑抗震能力现状统计分析

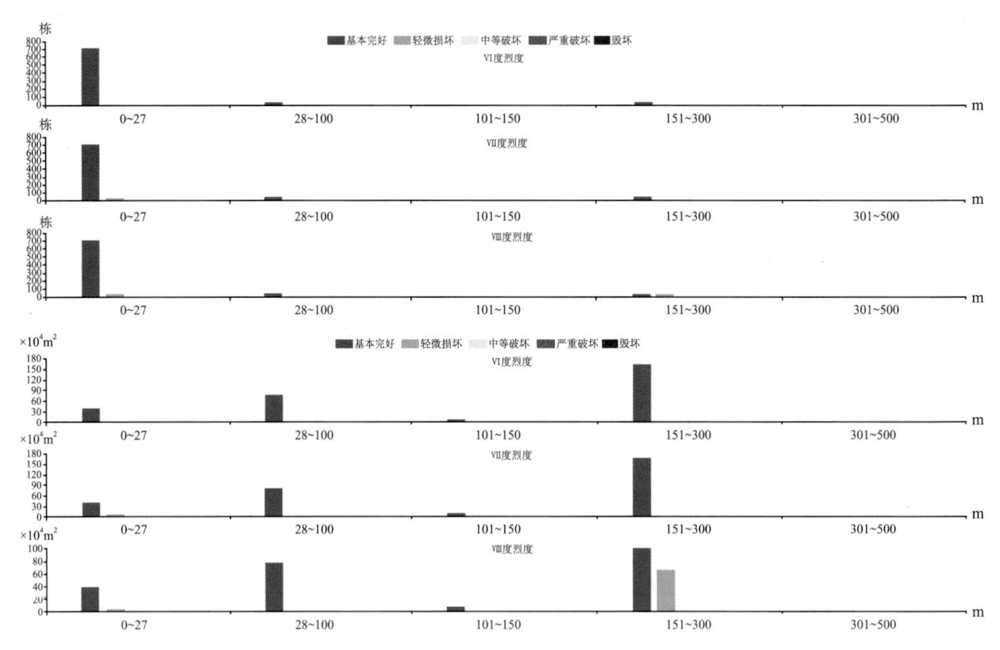


图 9-95　不良地震地质条件：液化土层上建筑抗震能力现状统计分析

# 参 考 文 献


艾朋，2021，地理空间数据共享交换平台建设及应用分析［J］，工程建设与设计，(12)：103~106

薄景山，2021，地震工程学辞典［M］，北京：地震出版社，124

薄景山、王玉婷、薄涛、万卫、赵鑫龙、陈亚男，2022，城市和建筑抗震韧性研究的进展与展望［J］，地震工程与工程振动，42（02）：13~21

陈达生、刘汉兴，1989，地震烈度椭圆衰减关系［J］，华北地震科学，(03)：31~42

陈静、毛锋、周文生、马金锋，2010，城市基础地理信息共享平台建设标准规范［J］，地理空间信息，8（02）：76~79

杜敏、陈萍萍、郝本明等，2023，常态化房屋建筑调查与数据更新机制研究［J］，中国建设信息化，184（09）：62~65

高孟谭，2015，GB 18306—2015　中国地震动参数区划图宣贯教材［M］，北京：中国质检出版社、中国标准出版社

郭迅，2021，城乡房屋建筑地震风险调查实用方法［J］，地震工程与工程振动，41（04）：23~27

何巧灵、马玉飞、赵民、仝霄金、赵波，2022，济南市城镇既有房屋建筑抗震能力普查工作的实施及应用［J］,城市勘测，(01)：192~195

胡聿贤，2005，地震工程学［M］，北京：地震出版社

火恩杰，2003，上海市隐伏断裂及其活动性研究，上海市：上海市地震局

李春阳、陈美云，2022，深圳：建筑编码赋能智慧城市建设［J］，建筑，(14)：42~46

李建华，2021，历史建筑普查的技术路径探讨——以无锡市为例［J］，城市发展研究，28（11）：22~26+38

李俊晓、李朝奎、殷智慧，2013，基于 ArcGIS 的克里金插值方法及其应用［J］，测绘通报，(09)：87~90+97

李兰，2022，城市地理空间基础信息平台建设［J］，江西测绘，(03)：45~48

廖振鹏，1990，地震小区划［M］，北京：地震出版社

刘建文、刘捷超，2019，湖南省建筑抗震标准及实施情况的调查研究［J］，中外建筑，(08)：189~191

卢建旗、李山有、李伟，2009，中强地震活动区地震动衰减关系的确定［J］，世界地震工程，25（04）：33~43

罗桂纯，2019，北京建筑抗震能力普查平台建设，北京市：北京市地震局

吕坚、俞言祥、高建华等，2009，江西及邻区地震烈度衰减关系研究［J］，地震研究，32（03）：269~274+322

马哲，2022，房屋建筑调查成果应用研究［J］，中国建设信息化，(21)：44~45

单玉坤、刘莉娜、张岩寿，2021，天津市建筑抗震标准实施情况调查及对策分析［J］，天津建设科技，31（03）：63~65

沈建文，2003，上海市地震动参数区划，上海市：上海市地震局

史铁花、王翠坤、朱立新，2021，承灾体调查中的房屋建筑调查［J］，城市与减灾，(02)：24~29

孙继浩，2011，川滇及邻区中强地震烈度衰减关系的适用性研究［D］，中国地震局地震预测研究所

田野，2017，基于 ArcGIS 的城乡抗震能力评价新方法［D］，防灾科技学院

王爱华、杨晓玉，2010，建设特色数字资源数据库规范标准初探［J］，信息系统工程，(09)：108~109

王琛、轩元、冒鹏飞，2021，住宅类建筑抗震隐患及薄弱区排查方法研究——以镇江市城区住宅类建筑为例［J］，江苏建筑，(02)：106~110

王双、程越、高昂、朱虹、万利，2019，信息分类编码标准知识服务平台研究与设计［J］，标准科学，(09)：85~89

吴国华，2022，基于多源数据的建筑信息普查与建库技术研究［J］，城市勘测，(05)：10~15

杨钦杰、李蕾、梁结、韦王秋，2021，钦州市建筑抗震能力普查及震害预测分析［J］，华南地震，41(02)：83~91

于静、张宁、武彦清，2021，第一次全国自然灾害综合风险普查——房屋建筑和市政设施调查底图制备和软件系统建设实践［J］，中国建设信息化，(23)：36~39

袁一凡，2012，工程地震学［M］，北京：地震出版社

章在墉，1996，地震危险性分析及其应用［M］，同济大学出版社

朱亦锋，2022，新形势下城市更新数字化平台建设的初步探索与思考［J］，上海房地，(09)：57~62